綠藻噩夢

Algues vertes
l'histoire interdite

布列塔尼半島毒藻事件，引爆一連串人類與環境互動的惡劣真相，揭開法國政治、司法與商業農工間不可言說的黑暗歷史

伊涅絲．雷侯 Inès Léraud　　調查

皮耶．范賀夫 Pierre Van Hove　　繪圖

瑪蒂達 Mathilda　　上色

Cet ouvrage a bénéficié du soutien du Programme d'aide à la publication de l'Institut français.

目次

獻給吉路（Gilou），是你教會我堅持不懈。獻給菲利普（Philippe），
是你帶我學會西洋棋

伊涅絲·雷侯

獻給丹妮葉（Danielle），獻給丹尼（Dany），與彭安瑟灣（Bonne-
Anse）古布赫（la Coubre）平滑無波的藍……

皮耶·范賀夫

每一年，在氣候宜人的五月到九月之間，數千噸綠色的海藻會爬滿布列塔尼沿岸的海灘。

如果沒有人清理，綠藻便會在海灘上層層堆起，甚至可堆到 1.5 公尺那麼厚……

48 小時後，綠藻就會開始腐壞。

表層的綠藻乾掉之後會變成白色，看起來和沙子很像。

綠藻堆成了完美的陷阱。

因為在表層之下，腐爛中的綠藻會產生毒性極強的氣體，聚集成一個氣室。

這種氣體就是硫化氫，簡稱 H$_2$S。

它的特徵是聞起來像臭雞蛋的氣味。

但是硫化氫大量釋放時，會麻痺嗅覺神經（讓人聞不到臭味），並癱瘓神經和呼吸系統……

……致死的速度和氰化物一樣快。

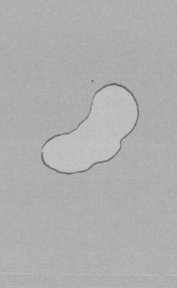

1. 吹哨人皮耶‧菲利普

PIERRE PHILIPPE
UN LANCEUR D'ALERTE

次日，拉尼翁市醫院（隸屬 22 省）。

皮耶・菲利普
急診醫師

大家早安啊。

早，皮耶。

嗨嗨！

欸，好東西給你瞧瞧……
昨晚 SMUR[1] 送來個傢伙。

是個獸醫，27 歲……

執勤醫師寫了診斷
報告。

患者出現抽搐現象，原因
不明，無前因……

馬匹死亡？……

對，他正在沙灘上騎馬……
被發現的時候，他陷在一堆
海藻裡。

馬應該是窒息死亡。

事發地點呢？

在聖米歇爾恩格
列夫。

1. service mobile d'urgence et de reanimation 縮寫，意即緊急救護機動隊，負責運送重傷或重症患者到醫療院所，並在到院前進行急救。

9

聖米歇爾恩格列夫……

今天早上感覺如何呀？

身體有點沒力。

文生‧佩堤
獸醫

其實我連事情怎麼發生都不記得了……

我的馬呢？

你的馬死了……

牠應該是中毒了，就跟你一樣……

什麼？

你發生肌肉抽搐，失去意識……你被找到的時候皮膚都發紫了。

你運氣真的很好。

天啊，我的馬！！

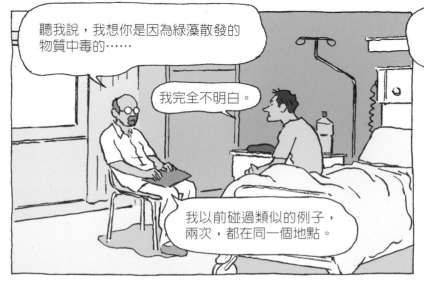

聽我說，我想你是因為綠藻散發的物質中毒的……

我完全不明白。

我以前碰過類似的例子，兩次，都在同一個地點。

第一次發生在 20 年前。那時我還是個初出茅廬的醫生。

才剛進拉尼翁醫院急診部不久。

1989 年 7 月
聖米歇爾恩格列夫海灣

皮耶，

你可以過來簽一份死亡證明嗎？

1989 年 7 月
拉尼翁市醫院

是三天前過世那位慢跑民眾，他在聖米歇爾恩格列夫的沙灘上被人發現了……

溺水嗎？

不知道……他整個人卡在一公尺厚的綠藻堆裡，只有手臂伸了出來。

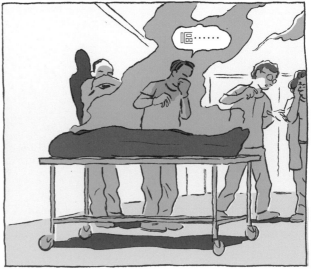

嘔……

沒辦法幫他驗啊！
呼吸不了！

嗯嗯……

這個味道不是屍臭，是
那些海藻！

我們要請求解剖……

嗯嗯……

解剖結果怎麼說？

我一直沒拿到
報告。

我連解剖究竟有沒有做
都不知道。[2]

2009 年夏天

後來好幾年間我一直申請看報
告，但是從來沒能拿到。

負責檢驗的實驗室說
他們手上沒有任何紀
錄。

我好幾次向檢察官提出申請，但每次都遭到
拒絕受理……

他們一直把我轉給不同單位……
後來我就放棄了。

就在過了整整 10 年之後，有一個負責清除綠
藻的拖拉機工人被發現昏迷在駕駛座上。

隔天他被轉到聖布里厄
時，我看到他的病歷。

2. 皮耶・菲利普送出的解剖報告申請書請見附錄，第 150~151 頁。

13

1999 年 7 月 5 日
聖米歇爾恩格列夫海灣

莫理斯·布利佛[3]。突然陷入昏迷，嚴重抽搐……轉急救……他遇上什麼事呀？

不知道，斷層掃描沒看出什麼。他健康狀況很好。診斷結果說，呃……單純抽搐[4]。

1999 年 7 月 6 日

我還是覺得很奇怪，這些意外都跟綠藻有關，而且老是在同一個地方發生。

真的假的？

我寫了幾十封信給衛生主管機關，想提醒他們注意綠藻導致中毒的可能性……

但始終沒有任何回音……

太不正常了。

皮耶，你不來睡嗎？

致
省衛生與社會事務管理處
稽查醫師 Q

女士您好：
謹以此信向您說明，我認為目前出現一個攸關公眾健康的問題……

這位到底是誰？怎麼一天到晚寫信過來？

DDASS[5]

在我的堅持之下，終於在一年後……

拿去，有一封省衛生處給你的信。

嘎？

---

3. 莫理斯·布利佛昏迷了四天，住院四個月，一年無法工作。
4. 譯注：原文 convulsion isolée。
5. 省衛生與社會事務管理處（Direction départementale des affaires sanitaires et sociales）。

怎麼樣？他們怎麼答覆？

嗯，沒寫什麼……

就說以前從沒發生過我說的狀況，所以沒有必要擔心……也沒必要進一步調查。

唬人的吧！

哎喲，他們應該不會亂講的啦。

事情就停了下來。

後來在去年，2008年，發生了狗的案子……

呃……需要喝點水嗎？

啊，麻煩了，謝謝！

16

「由於歐若荷・布萊弘本身是獸醫助理，當天就為她的兩隻狗做了檢查。」

噁！

我發現…

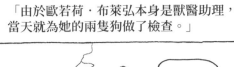

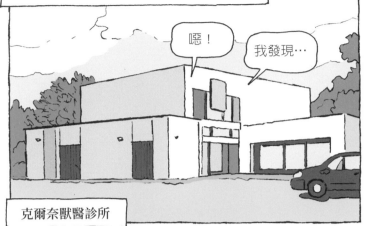

克爾奈獸醫診所

兩隻狗全身沾染著非常刺鼻的臭味，這種氣味讓在場所有人都感到，嗯……不適。

沒錯。

口腔黏膜和眼睛黏膜都灼傷了。

瑪麗－凱瑟琳・克爾奈

我也發現腳掌上有泥沙與海藻，鼻腔和口腔中卻沒有。

從黏膜發紫以及極短時間內死亡這兩點，我懷疑死因是……窒息。

「歐若荷・布萊弘打算報案，但……」

……您知道，幫死掉的狗報案沒有什麼必要。

安德烈谷憲兵隊

「2008 年 7 月 30 日，瑪麗－凱瑟琳・克爾奈決定向媒體披露此事。」

唯一說得通的死因，在我看來，就是因吸入有毒氣體導致的中毒。[6]

「我在報紙讀到這起事件。」

6.《電訊報》，2008 年 7 月 30 日。

省政府呼籲飼主，保護愛犬的最佳作法無非遵守法律，不要帶牠們到禁止犬隻進入的海灘散步。

「情勢反轉了。獸醫的可信度遭受打擊，歐若荷·布萊弘變成眾矢之的……」

「我不能讓她孤軍作戰。」

睡不著嗎？

對……

妳知道怎麼了嗎？

不知道。

這次綠藻有毒的假設絕對可以成立，因為不可能兩隻狗在同一時間、同一地點發生心肌梗塞，妳懂我意思嗎？

當然懂……你應該打給那個協會……那個什麼「綠潮止步」

睡飽是很重要的。

嘿哩嘿哩……

喂，您好。

您哪裡找？

綠潮止步協會
安德烈·歐立佛

您是說有人因此死亡？呃，我倒是沒聽過。沒聽過……太離奇了！

可不能就這麼算了，以上帝之名！！我來打給《塔拉薩》[8]！

8. 譯註：《塔拉薩》是一個以海洋為主題的報導性節目，自 1975 年於法國 France 3 電視台開播至今，長達三十餘年都由製作人喬治·佩努（Georges Pernoud）主持。節目原文名「Thalassa」即希臘神話中對海的泛稱。

我也可能帶著五歲的姪子一起來，可能連小孩子也會受害的！

歐若荷・布萊弘

我們本來就知道綠藻潮又臭又會汙染海灘，現在我們知道它還會殺人！！！

安德烈・歐立佛

硫化氫是一種很強的細胞毒物，和氰化物的作用一樣……

急診

幾分鐘內就能致命！

「然後管理部門就要我別再在醫院裡受訪。」

希望您能理解……

《塔拉薩》播出後[9]，布列塔尼的民選首長們火冒三丈。

報導偏頗引戰……沒有善盡平衡報導之責。身為國營頻道，有流於輕率之嫌。

伊逢・波諾
佩侯－吉雷克鎮鎮長，前大區觀光委員會主席

我們濱海觀光小鎮被 France 3 電視害慘了，嘲諷戲謔的手法非常負面，這讓我感到非常震驚……

法蘭索瓦・布里歐
阿摩爾濱海省特黑雷凡恩鎮鎮長

佩努[10] 是嗎？

他要是再來班波爾，我們就把他扔進海裡！

亞尼克・厄默希
拉尼翁－班波爾地方漁業委員會主席

聽說為了報復，其他市鎮首長跟企業老闆連續三天不停發傳真，要讓《塔拉薩》編輯部無法作業。

呵呵！

9. 播出日期為 2009 年 4 月 10 日。
10. 喬治・佩努，1980 年到 2017 年間擔任《塔拉薩》的節目主持人。
11. 本頁引用的首長發言取自《電訊報》（2009 年 4 月 21 日）與雜誌《瑪麗安》（2009 年 4 月 25 日）。

「那段時期，我認識了伊利永的鎮長伊薇特·朵黑。她告訴我，前任鎮長和她自己都曾收到大量海邊居民的來信，說他們的狗同樣死於當地海灘。」

距離我們不到10公尺時，起初牠還能著牠，後來變成匍匐前進，藻唯到我大腿這麼高，又下起了大雨，牠頭這樣做才能前進，身體側躺，牠的舌頭很快就變成綠藻，牠死了。一開始我們以為牠是心臟病發作，我什麼也做不，我總覺得奇怪，因為牠才6個月大啊，每天都永為一隻狗在空地玩耍和奔跑，身體是不錯的。

如您需要任何其他資訊，請隨時告知，也請接受我誠摯的問候。

您好，

和您通電話後，我要告訴您2007年6月在聖真理思發生的事情：那天，我和我女兒跟孫子帶著兩隻紐芬蘭犬一起散步，當我們到達海灘時，看見驚人的大量綠藻，所以我們駐留在停車場附近的沙灘上。狗狗們和一隻飛過的海鷗玩耍，然後海鷗貼著地面飛走了，於是狗狗開始奔跑。我們企圖要叫喚牠們但沒什麼用，然後海鷗朝著藻類的方向飛去（那些藻類的顏色與沙子相同），我很快便發現出問題了，因為我看到比較年幼的小狗摔倒了，老狗踩著凌亂的步伐，又咬又叫的，想要把小狗拖走，牠平常

Hillion le 13/11/1989.

2008

ARRIVÉ LE
12 AOUT 2008
MAIRIE HILLION

致 伊利永鎮長女士

在伊利永海灘事件之後

看看我在檔案櫃裡都找到了些啥……

什麼什麼？

致 市長先生
14號星期三的時候，我和我兒子在Tamie這步土地上獵點東西。我們注意到有一隻狗不見了。時間是上午9:30左右，我們覺得有些奇怪。經過一近估放綠藻的地方，那是

您聽……這是 1991 年 8 月 5 日阿摩爾濱海省省長寄來的一封信。

桂松河出海口發生一隻狗猝死事件後，省衛生處各單位已介入處理。

經調查，死因應與腐爛發酵過程中產生的硫化氫逸出有關……檢測到的濃度達 200~600ppm[12]！！

1991 年？瘋了……

我還是伊利永鎮祕書長時，也有不少狗和鳥的屍體被發現，就在海藻堆裡。有一天，一位海藻清潔員來見我，過敏讓他腫了起來！

這樣！

您知道嗎？後來省政府給狗做了解剖，卻不想讓我知道結果。

於是我說：「如果你們不把報告給我，我就上《塔拉薩》把事情說出來。」

更精彩的來了！那天下午，就在上節目之前，我接到省政府打來的電話。

那通電話說：「鎮長，請您不要找媒體，這樣會給所有人帶來困擾的，為觀光業想想吧！」

您知道我怎麼回答嗎？

不知。

我就說我有表達意見的自由！

哈哈哈……說得很對。

「後來，伊薇特·朵黑讓人在鎮上海灘入口處設置告示牌，說明綠藻可能產生危害並建議民眾不要靠近。」

12. 超過 100ppm（百萬分之一）：會刺激口腔及呼吸道黏膜，甚至導致失去意識；
超過 500ppm：昏迷；如果持續暴露於氣體中，很快會導致死亡。
（資料來源：法國國家勞動安全及研究中心）

「但當時我還不知道的是，兩年之前，在 2006 年，省衛生處曾經測量過聖米歇爾恩格列夫海灘的硫化氫數值。」

喂，你過來看！

？？

你來看看這是什麼！

嘩……

超過 1,000ppm[13] 了。

都已經超過儀器上限了！！

省衛生處便將硫化氫的致命危險通知省政府，但是當局直到 2008 年仍沒有（或幾乎沒有）採取任何作為讓大眾知情。

發生犬隻死亡事件時……

目前唯一的研究報告是 2006 年時由布列茲空氣協會為省衛生處所做的，調查地點是聖米歇爾恩格列夫海灘……報告呈現的數值，比可致犬隻死亡的量低了很多。

無論如何，這些狗的死因不可能是硫化氫，因為致死的前提是濃度必須達到致死量……

阿摩爾濱海省省政府記者會
2008 年 7 月 20 日

13. 對人體而言，濃度若超過 1,000ppm，只需數分鐘便會迅速致死。（資料來源：INRS）

如果說在那之前，我只是懷疑綠藻會致死，今天的我是確信不移。

2009 年夏天

為了取得證據，必須在你的馬身上採樣。我建議可以申請解剖。

OK

下午，在聖米歇爾恩格列夫鎮公所，文生・佩堤得知他的馬已被送去附近一處馬場等待肢解。

肢解？

什麼意思，「肢解」？我從來沒有要求肢解啊……我一直待在拉尼翁醫院的急診室。

是誰申請肢解的？[14]

呃……就，我們鎮公所……

今天早上接到省政府來的電話。

您是在開玩笑吧！我要取回我的馬屍送去解剖……

什麼意思，「不可能」？

與此同時，皮耶・菲利普致電省政府。

14. 依文生・佩堤的說法還原當時的狀況。我們以電話聯繫當時的鎮長，他不願表示意見。

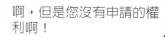

啊，但是您沒有申請的權利啊！

您是馬的主人嗎？

不是，但我是一位醫生。

而且這是為了公益目的需要獲取的資訊。

啊，這可不好辦。

您稍等，別掛斷……

必須要衛生主管機關才有權利申請……

我這邊恐怕無能為力。

真的很抱歉。

這要花很多錢的……

而且沒有證據證明那是中毒……

但正因為涉及了……

喂？

不不，我是要說，這不是我第一次向你們通報有嚴重的公衛風險了。

是，但今天真的很難辦……

今天交通業大罷工……

聽著，既然你們這樣阻撓，我會叫所有環保團體把你們盯得死死的，然後爆料給媒體！！

拉尼翁醫院管理幹部

菲利普先生！

你在搞什麼呀？？

27

我們接到省衛生處和省政府打來的電話！他們都氣壞了……

我要提醒你，省衛生處是我們的監督機關啊！

你現在是在刺激大眾對未經證實的危險感到恐慌，這很嚴重啊！

老同事啊，你踩到紅線了！

我不管！我知道自己在說什麼，而且我會堅持到底！這一次你們阻止不了我！

喂？

文生·佩堤這廂則請求省衛生處和動管處[15]為他的馬進行解剖。他沒有收到任何回音。

這時他才明白，他的信都被轉到省政府去，由省政府統籌協調一切的決策。

真是傻眼！

他決定開啟信箱的「要求讀取回條」功能，想確定對方有沒有讀他的信。

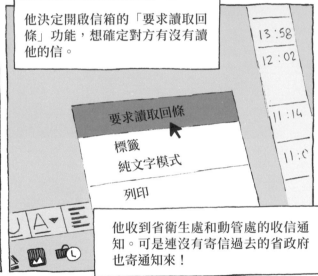

要求讀取回條

標籤

純文字模式

列印

13:58
12:02
11:14
11:0

他收到省衛生處和動管處的收信通知。可是連沒有寄信過去的省政府也寄通知來！

雖然費用由佩堤支付，但政府不願意負責解剖……

THÉgramme 電訊報

綠藻
緊急事態

聖米歇爾恩格列夫騷動
馬匹死亡 疑藻重重

× le Courrier Telmargne
× le Recit d...

15. 全稱為動物管理處（Direction des services vétérinaire）。

驗出高得驚人的硫化氫濃度之後
（1.07 毫克／公斤），終於能證明
中毒的原因是綠藻……

2009 年 8 月 20 日，媒體紛紛報導騎士事
件之後，四位部長[16] 放下他們的度假行程
來到聖米歇爾恩格列夫海灘……

16. 四位分別是布魯諾·勒梅、法蘭索瓦·費雍、蘿絲琳·巴舍樓、香塔·朱安諾。

29

法蘭索瓦・費雍
時任總理

嗯……

政府會負起責任,清理問題最嚴重、可能會危害公眾健康的海灘。

我已請國立工業環境與風險研究院 [17] 針對海藻腐爛時產生的毒性進行正式鑑定,結果相當清楚。

香塔・朱安諾
時任生態環境國務秘書

事件現場的硫化氫濃度是致死濃度的兩倍……

這個案子讓我震驚的是,我們竟然這麼多年來都是這樣的鴕鳥心態。

他們承諾 2009 年 12 月提出一份綠藻計畫。

我們會成立一個委員會,找出解決之道。

這個味道真的很恐怖。

這些綠藻還是剛沖上來的呢,總理先生。

封口令似乎被打破了,然而……

17. Institut national de l'environnement industriel et des risques,簡稱 INERIS。

30

雷恩行政法院
2012 年 6 月 29 日

此次意外和綠藻沒有關聯。

那匹馬是被泥沙悶死的，沒有證據顯示其中有綠藻。

我們也注意到，傷者騎馬闖入禁止動物進入之海灘，顯示其行為極為不慎。該不慎行為實為這匹馬死亡的唯一原因。

不同於一審意見，本庭認為該馬匹死因確實為綠藻。

且本庭認為國家既知有此危險，應負有責任。

南特上訴法院
2014 年 7 月 21 日

不過文生·佩堤身為獸醫，應該瞭解此一風險之存在，因其疏忽造成意外之發生，本庭認定其應負有三分之二之責任。

至於佩堤本人，本庭以為他未受到綠藻的傷害，而是，呃⋯⋯

受到情緒上的衝擊。

31

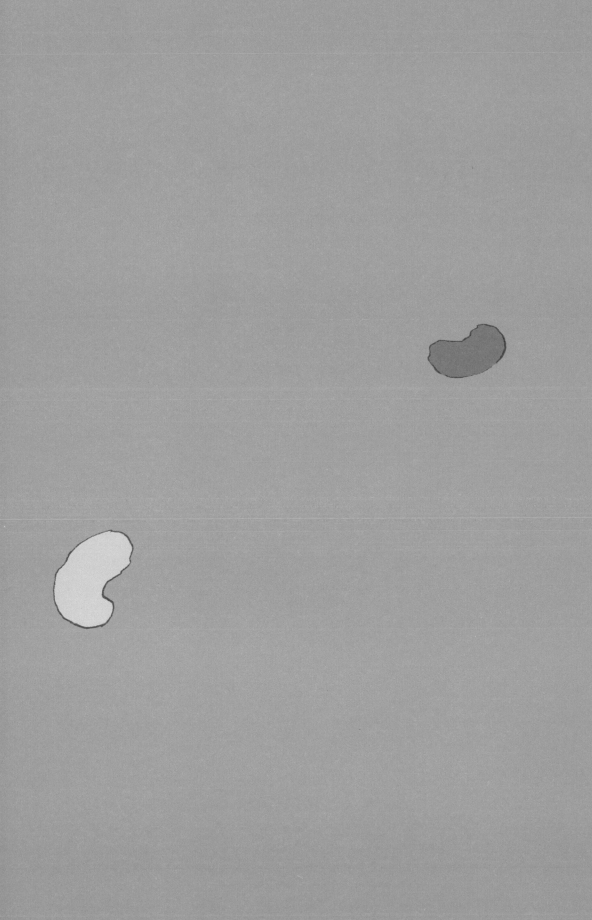

2. 提耶西・莫爾法斯事件
L'Affaire Thierry Morfoisse

1. 此為化名。

載完三趟綠藻後，提耶西‧莫爾法斯在載第四車的途中開始抽搐。

他設法煞車，慢慢把車靠著一堵牆停了下來，再離開駕駛座，然後在卡車輪邊斷了氣。

急救人員趕到現場，判定他的心跳已停止……

所有道路事故發生後都必須採集兩份血液樣本：第一份用來測血液酒精濃度——結果為 0；如有再鑑定之需求則可使用第二份。

他的車斗裡是空的，沒有人想到該問問不久前他載過什麼東西。

2009 年 7 月 22 日
阿摩爾濱海省
比尼克鎮黑狗路

隔天，一位勞檢員便來到雇用這位死者的企業 Nicol Envitonnement（簡稱 SNE），馬不停蹄地進行調查。

Nicol Environnement 專營工業廢棄物處理，創辦人為出身阿摩爾濱海省的尼寇兄弟，隸屬 Bouygues 集團的子公司 la Screg。

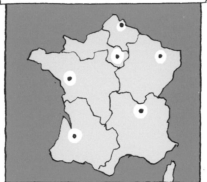

既然您的員工負責處理毒性物質，可以請您讓我看看公司做的化學物質風險評估報告嗎？

呃，我們從來沒做過評估。

你們都沒穿任何防護裝備嗎？口罩、連身工作服？

沒有沒有，啥都沒有。

綠藻爛掉的時候，那臭味非常恐怖。

車上沒有空調嗎？

沒有。

那天早上我的頭痛到快裂開……我真的很慌，提耶西就答應幫我代班……

如何？

真是亂得一塌胡塗！

什麼？

我會發命令要求公司遵守法令，然後我們要調查死亡事件的真正原因。

同一天，提耶西·莫爾法斯的父母和女兒到太平間認屍。

他是藍色的！

他是藍色的！

家屬被告知這是「自然死亡」。提耶西·莫爾法斯下葬了。

2009年8月20日

這個案子讓我震驚的是，我們竟然這麼多年來都是這樣的鴕鳥心態。

法蘭索瓦·莫爾凡
朗沃隆鎮鎮長

我說，你知道上個月有一位提耶西·莫爾法斯過世的事情嗎？

不知道耶，我剛度假回來……

提耶西·莫爾法斯究竟是哪位呀？

在他過世前幾天，我遇過他，他說綠藻的臭味讓他受不了。

該不會……

提耶西·布爾洛
社會黨民代，大區區議員，負責水資源與廢棄物事務

聽我說，呃……你剛才說的這些讓我腦中亂成一團……

我得先通知省長……

2009年8月25日

是，布爾洛先生，我剛剛收到您的信……真是慚愧，我完全不知道這起事件……

不不不，您別麻煩了，

我會轉送檢察官的……

尚一路易·法傑亞斯
阿摩爾濱海省省長

2009年9月4日

這什麼玩意呀？！

聖布里厄法院

38

他們請求進行初步調查。

哧…
真的有必要嗎？

不是自然死亡？

傑哈・佐格
檢察官

這幾天好多電話打進來，都是要提醒我們可能有某種，呃……公共衛生的問題，懂我意思嗎？

嘎？你覺得其中有鬼？

哧…

好吧，我們就啟動調查……

我們把第二袋血送去實驗室做追加分析。

2009 年 9 月 15 日

老闆，
分析結果來了。

念出來！

「提耶西・莫爾法斯的血液毒理學分析顯示血液中含有高濃度的硫化氫（1.4 毫克／公升）。因此，受害者的死亡可解釋為大量暴露於硫化氫所致。」

哎呦喂呀！
這水深了。

「然而，若生物檢體未能保存於最佳環境（-20℃），則不能完全排除硫化氫為死後形成之可能性。」

咳咳！

我們該怎麼做呢，
老大？

讓我想想。

稍晚，檢察官發現第二袋血未置於聖布里厄醫院的冰箱中保存，而是放在室溫下 [2]。

真～正了不起，真正了不起，真正了不起，真正了不起！啦～啦啦啦啦啦，啦～啦啦啦啦！哈哈哈哈哈！

哈哈哈哈哈哈！ [3]

2009 年 9 月 29 日

這項消息令檢察官怒不可遏。在未經家屬同意下，他決定開棺取出受害者遺體進行解剖。

2. 參見附錄「莫爾法斯案的駭人過錯」，第 147 頁。
3. 譯注：此為假想情境，意在呈現醫院氣氛，以及解釋為何會發生這種違反規定的狀況。

真不敢相信……
我完全不可能這樣說。

過了一陣子，朗沃隆鎮鎮長法蘭索瓦·莫爾凡在路上遇見一位居民。

我兒子被施壓了。他有家庭要顧，不能丟了工作。

因為這樣，他才會推翻自己的證詞。

檢察官只保留了莫爾法斯同事的第二版證詞，而 Nicol Envitonnement 最終沒有被追究責任。

老大！分析報告出來啦！

哎唷沒必要這樣大聲嚷嚷，你嚇到我了！

咳咳。

2009 年 11 月

2009 年 11 月 5 日，佐格檢察官召開記者會，公布解剖結果。

好的，我手上的就是針對心臟和肺臟的鑑定報告，結論非常清楚……咳咳！

這是心肌梗塞復發，其心臟有瘢痕組織及肥大現象。

也就是說，在我看來，很顯然地，莫爾法斯先生的心肌梗塞是源於不良的飲食習慣、源於菸癮，雖然這句話特別不適合由我來說……

這件死亡案例與綠藻之間的因果關係無法建立……兩者無關……

調查終結……

這下好啦，吃垃圾食物、抽菸……最後做錯事的變成提耶西……

對付這些人我們手無寸鐵啊……

有什麼難！提耶西菸抽得不凶，健康狀況也很好……他才剛做過職業病健康檢查。

他長期看的醫師從沒檢查出他有心肌梗塞的跡象。

歐立佛

莫爾法斯一家

2009 年 12 月 7 日，莫爾法斯家後援會成立。

我們不能接受檢察官的結論。我們要知道真相……必要的時候，我們會告上法院……

綠潮止步協會
安德烈‧歐立佛

2010 年 1 月 26 日，莫爾法斯一家費了九牛二虎之力，終於由檢察官手中取得解剖報告。

來。

我們打算向危及他人生命的不特定人 X 進行控告……

咳咳！

莫爾法斯家後援會把解剖報告轉寄給法國國家科學研究院的榮譽研究員克勞德‧雷斯奈。

哈哈哈！

記者會上，檢察官跳過分析報告的最後一句話。那句話是：

「上述結果有待對照毒物學資料後作進一步解釋……」

但這句話非常關鍵！！

這句話告訴我們，硫化氫造成提耶西‧莫爾法斯心肌梗塞的可能性並未被排除。

我們與法蘭索瓦絲·希吾[4]及安德烈·皮可[5]共同進行再鑑定，結論與檢方相反。

幾乎可確定提耶西·莫爾法斯就是因為吸入硫化氫引發心肌梗塞才導致死亡。

政府代表應承認此事，不要再製造困難，讓此一死亡案例無法被認定為職災。

莫爾法斯家的律師向聖布里厄法院遞出起訴狀，控告不特定人 X 犯下過失殺人罪。

預審程序轉由巴黎檢察署公共衛生專庭辦理，花費六年時間，歷經六位不同的預審法官。

這個嘛……

我們傾向裁定駁回……大概會是如此……

這個嘛……

是的，您的起訴已獲得受理，但是調查得全部重來……會耗費許多時間、金錢……

根據新的分析結果，三位專家認定本案為自然死亡。

這個嘛……

在預審程序中，朗沃隆鎮鎮長法蘭索瓦·莫爾凡和提耶西·布爾洛這兩位「吹哨人」都未被傳喚……

我不能說有人要我噤聲，因為他們連聽都不想聽我說！

這一切都是為了不讓調查觸及問題的核心。

……也未進行提耶西·莫爾法斯勞動條件的重建。

比尼克

我會找適當時機說出來，從事件一開始我就做了完整的紀錄，包括誰和誰說了哪些話。

提耶西·布爾洛[6]

4. 為雷恩大學醫學中心（CHU de Rennes）流行病學部主任。
5. 為法國國家科學研究院毒物化學家兼歐盟毒物學專家。
6. 為社會黨民意代表，布列塔尼大區議員，負責水資源與廢棄物事務。

43

而所謂勞動條件是這樣的……

下午一點鐘，提耶西·莫爾法斯離開普雷漢鎮一家名為「小歇美食」的餐館，出發前往比尼克海灘。

他把 27 噸綠藻載上卡車。
卡車的駕駛艙沒有空調。

透過打開的車窗，他呼吸到逸出的硫化氫。

接著他便朝朗堤克鎮的廢棄物處理廠出發。

他下車去將後車斗擋板打開，吸入大量逸出氣體，並且沒有戴口罩。

他回到卡車上，從駕駛座啟動活動車斗的槓桿。駕駛艙的車窗始終大開。

下午兩點十分與兩點四十五分，他重複進行相同的操作流程。

下午三點十分前往載運第四車綠藻的路上，他死了。

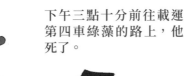

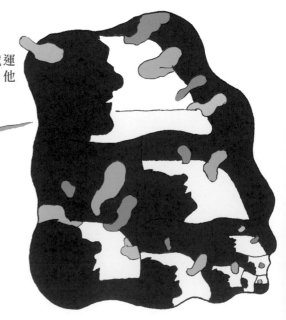

BOUYGUES

這不是 Bouygues 集團底下第一次發生有員工因綠藻而發生健康問題。

1999 年，傑哈·傑古身上出現一些令人擔憂的症狀。他是 la Screg 公司（1985 年起成為 Bouygues 集團子公司）雇用的綠藻清潔工，在聖布里厄海灣一帶工作。

怎麼會有這麼多的煙啊？

是不是烤箱裡有什麼東西烤過頭啦？

嘎？你在胡說什麼呀？

幾週過後，他眼前的幻象變成了一道黑幕。

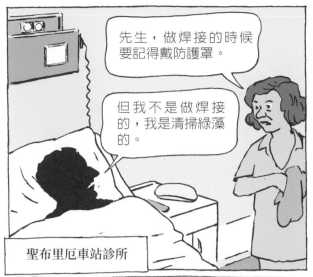

先生，做焊接的時候要記得戴防護罩。

但我不是做焊接的，我是清掃綠藻的。

聖布里厄車站診所

2008 年，犬隻死亡事件發生時，媒體公開報導他的親身見證。

電訊報

健康：
綠藻的危害

PORTES OU

BRETAGNE

然後在 2009 年，發生馬匹死亡事件後，在內閣參訪團來到阿摩爾濱海省時，另一位被綠藻所害的清潔工莫理斯·布利佛向總理費雍陳情。兩人的見面未開放採訪。

政府相關單位也不可能不知道三週前的莫爾法斯死亡事件，因為死亡事件的隔天，Nicol Environnement 便接受過勞動檢查，而勞動檢查是大區區長的監管事務。

由此看來，那一天在聖米歇爾恩格列夫海灘上許下的諾言，可比掩蓋的秘密更多。

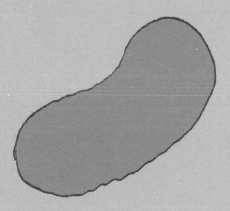

3. 揭開政府代表的面紗……
Où les représentants de l'État se dévoilent...

2011 年 7 月
阿摩爾濱海省
莫里厄鎮
聖莫理思海灘

幾位獵人在莫里厄鎮境內的桂松河出海口，發現兩頭死掉的小野豬。

他們請鎮公所進行解剖，以確定獵物不是被毒死的。

2011 年 7 月 8 日，鎮長下令關閉海灘。

昨天，Veolia 公司負責清除綠藻的工人的體內被測得濃度 65ppm 的硫化氫[1]。

禁止進入

危險

尚一皮耶・布理安
莫里厄鎮鎮長

我決定在海灘部分區域設置禁止民眾進入的告示牌。

不過鎮長完全沒有提及小野豬死亡一事。

2011 年 7 月 14 日

解剖結果相當明確⋯⋯

分析報告指出小野豬的呼吸道中有泥沙，所以牠們的死因是窒息。

至於您的問題，這件事和綠藻沒有任何關係。

關閉海灘與小野豬的死亡完全是兩回事。

黑米・居歐
阿摩爾濱海省省長

2011 年 7 月 24 日

喂，安德烈，快過來看一下這⋯⋯

奈莉和綠潮止步協會的會長安德烈・歐立佛。

1.危險度不高，無致死危險。

52

三頭母野豬和五隻小野豬死在桂松河畔。

莫里厄鎮
聖莫理思海灘

2011 年 7 月 25 日，相關單位宣布禁止進入海灘以及桂松河沿岸小徑。

但我希望大家不要跟上次的事件混為一談[2]。

禁止
民眾進入

危險

2011 年 7 月 26 日

人們又發現十八具野豬屍體。

2011 年 7 月 27 日

又出現五具野豬遺體。

安德烈·歐立佛和守護特黑戈爾協會的伊夫─瑪利·勒雷決定測量數值。

偵測器顯示 500ppm[3]。

我們得透過媒體要求進行解剖，檢測硫化氫含量。

7 月 28 日

又有兩頭野豬。

7 月 31 日到 8 月 2 日：一隻貛和三隻海狸鼠。

2. 不要把綠藻和野豬的死混為一談。別忘了現在是旅遊旺季……
3. 對人體而言，超過 500ppm 的濃度會導致昏迷。如果持續暴露其中，馬上就會死亡。

那個夏天，總計有三十六頭野豬、五隻海狸鼠和一隻貛被發現死於桂松河岸。

解剖結果顯示，牠們出現的症狀和之前的馬匹與犬隻相同。

侯欣·唐奇
省分析實驗室[4]

無可否認，多數野豬確實有吸入硫化氫導致中毒的跡象。不過，呼吸道中的濃度差異相當大，從 0.36~1.72 毫克／公克都有。從這些檢測結果無法得出任何定論[5]。

我們必須謹慎再謹慎。

副省長
菲利普·德·傑斯塔·德·雷佩湖

2011 年 9 月 7 日，兩間國家級科學機構承認綠藻致死的歸因具有高度可能性。

「綜合測得之濃度以及觀察到的症狀，可認定硫化氫中毒之假設具有高度可能性。」

國家工業環境
與風險研究院

國家食品、
環境及勞動
衛生署

即便如此，到了 2016 年……

我不確定布列塔尼海灘上是否發生了綠藻導致的意外事故。那不是我的工作。我不是醫生，也不是獸醫。

那死掉的馬呢？野豬呢？

我沒看過那些檔案。

瑟西爾·侯貝
大區健康署阿摩爾濱海省分署
（前身為 22 省省衛生處）衛生研
究工程師

您沒有看報紙嗎？

有、有……綠藻這條線是可以成立的，但所有可能的線都想過了嗎？

畢竟那匹馬可能因為陷入泥沙，發生換氣過度、心跳停止而死亡，事實上沒有受到硫化氫影響。

4. Laboratoire départemental d'ananlyses，簡稱 LDA。

5. 提醒讀者，文生·佩堤的馬體型比野豬大很多，不到一分鐘就喪命了，體內硫化氫濃度為 1.07 毫克／公斤。

皮耶・菲利普 1999 年時就曾提醒省衛生處注意此一危險……反覆提了好幾次……

我不清楚您說的通報。

您說是哪一位？

2016 年 1 月 25 日

喂？您好……

您好，我在研究綠潮的議題，希望能有機會和您談談野豬事件。

是這樣的，您誤會了，野豬事件跟綠藻一點關係都沒有。沒有人知道牠們真正的死因。

哦，那方便採訪您，請您幫忙說明始末嗎？

抱歉，我幫不上忙……

怎麼說？

這……我已經告訴您沒有什麼可說的，而且我們沒有特定立場……

沒有立場就是不讓我們知道的立場。難道就不能商量商量嗎？

非常抱歉，不能。

可是……為什麼不能？

我就說了！

嗯……但我還是不懂……

就沒有關係！！沒有的事情有什麼好討論的！

瞭解……能請教一下您的大名嗎？

我是斐德列克·梅儂……

不過我得先提醒您……

要是您登出我的名字，我會視報導內容告您誹謗！

斐德列克·梅儂
阿摩爾濱海省公關處長

綠藻……

環繞著綠潮受害者的，為何是這般的沉默與不安？

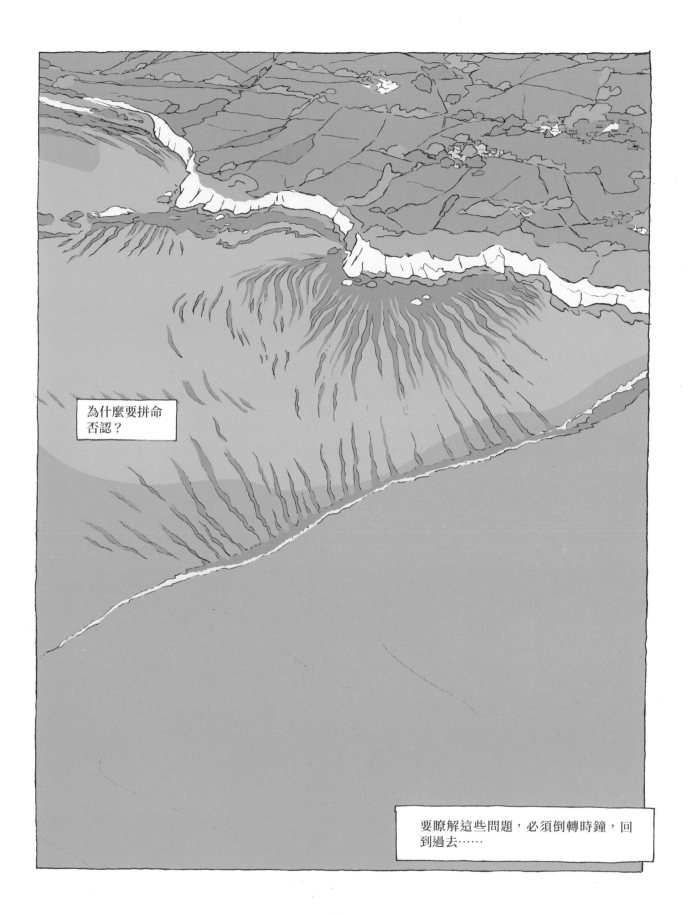

為什麼要拼命否認？

要瞭解這些問題，必須倒轉時鐘，回到過去……

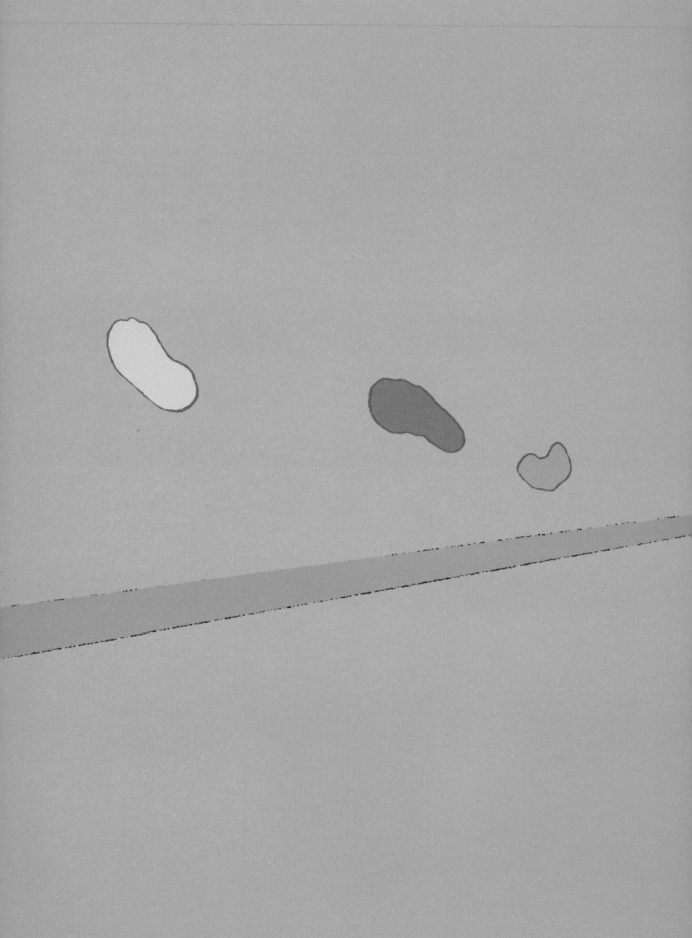

4. 關於生產體系的現代化及其影響……

De la modernisation du système productif et de ses effets...

第二次世界大戰剛結束時，不同於美國，法國的農業社會還沒有開始工業化。

當時布列塔尼的鄉村非常貧窮：大部分的房子都沒有自來水、沒有衛生設備、沒有電。地面就是泥土地。

1947 年，「馬歇爾計畫」簽署實施。透過這個計畫，美國捐款給歐洲國家以協助其重建，相對地，歐洲國家則承諾進口美國產品。

我們相信可以和美國一起規劃一種密切且成效卓著的合作方式，因為美國一再積極表現出對法國的同情與理解。

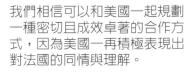

尚・蒙內
第一任重建計畫專員

法國告別了傳統的農業夥伴（匈牙利、烏克蘭、俄羅斯），依照美國模式展開農業的現代化。

進入現代化時期讓農村社會產生翻天覆地的變化。

法國的農業就像個活化石一樣，商業和工業的發展都被拖累了。

賈克・胡耶夫
經濟學家、戴高樂將軍的顧問
1958 年

各位也許能生產最好的農產品，但這不是大家要的！請各位生產全球市場需要的東西……

……如果明天要紅色的牛奶或方形的蘋果才賣得出去，國家農業研究院[1]就必須努力研究！！

艾加德・皮沙尼
農業部長
1961 年

60 年代開始，法國農地成為「重劃」的對象。

用馬匹來耕耘的小片田地被改造成可以用農機耕作的廣大農地。

1. Institution national de la recherche agronomique，簡稱 INRA。

反對重劃的聲浪四起（包括農夫、環保人士、布列塔尼自治主義者），他們認為這種系統性的重劃十分蠻橫。

我們這些老人是不反對重劃，因為有些田地真的太小了，只是也不必全部剷平。

不然那些動物就沒地方遮風避雨躲太陽了。

而且水一下就會帶著肥料流下山坡，進入大排水溝，然後進一步汙染我們這裡游著鱒魚的溪流，最後沖進大海[2]。

1971 年及 1974 年，斯佩澤鎮與特黑布理凡鎮發生多起反對「蠻橫重劃」的示威遊行。

1972 年，一百五十名農民在布依橋焚燒他們的整併證。

兩百名農民占領普隆涅維杜夫的鎮公所。

在特黑布理凡鎮，重劃工作由維安警察負責執行。抗議人士被施放催淚瓦斯，有時還因此受傷。

一位以肉身阻擋大型機具前進的老農婦遭到暴打。幾個月之後，這位老太太撒手人寰。

2. 節錄自輔導諮詢協會（association d'interventions-conseil）寫給蓋爾雷東鎮幾個政府單位的一封信，刊於 1972 年 6 月 21 日的《電訊報》。

為了擴大原有小片田地的面積，美國進口的推土機與挖掘裝載機摧毀了數千平方公里的樹籬與土堤。

溪流被填平、排乾……

土堤上一整排樹木形成的遮蔽也消失了，人們頭一次能從自己的村莊看到另一個村莊教堂的鐘樓。

有些人說他們覺得自己像是身處於另一個國度。

為了拖曳機的技術需求，不得不拓寬農地，這件事確確實實超出我的想像。現在我很自責，當時沒有想到應該設定一個界線……

艾加德·皮沙尼
2010 年

我心裡有種罪惡感。

農地重劃政策的背後，同時隱藏著消滅中小型農業的計畫……

就這樣，成千上萬的農民走入了剛成立的工廠，站上組裝線。

1961 年 Citroën 汽車在雷恩設立的新工廠裡，就有七成的工人原本是農民。

這可不是天上掉下來的禮物。

為了設立這座工廠，省長為我敲開了國立農業研究院的大門。

我因此獲得不少很有意思的資訊，對招募人力方面很有助益，包括可開墾的面積、土地品質、農民的年齡……

菲利普・德・卡龍
Citroën 雷恩廠的人力資源部長

我們發現，如果要滿足所需的勞力，農地面積必須擴大到至少 20 公頃。

省長完完全全理解問題所在。

他限制農地面積達到標準的農民才能領取補助，整件事就快了起來。

拿不到補助的，就到我們工廠工作[3]……

呵呵呵！

3. 資料來源：《Citroën 的農民》（*Les paysans de Citroën*），于倍・布鐸執導的紀錄片，Mille et Une Films 出品，2001 年。

今日，法國農民人口只剩下 50 萬人，相當於不到勞動人口的 3%。剛解放時則有 700 萬之多……

離地飼養[4]的畜牧方式開始出現在布列塔尼。

在農會和天主教農業青年會[5]的協助下，布列塔尼的農民學會在鋪著條狀地板的豬舍裡飼養丹麥豬。

這些豬擠在大型豬舍裡，過著不見天日的生活。

動物吃的東西改變了，改成美國模式。

布勒斯特港

噴灑過殺蟲劑的基因改造玉米與黃豆由布列塔尼的港口輸入法國[6]。

布列塔尼的農產食品加工業是法國的明星產業之一，就像軍火業一樣。

4. 譯注：集約式畜牧的一種，主要指動物飼料的一部分或全部來自牧場外部。
5. Jeunesse agricole catholique，簡稱 JAC。
6. 關於磷化氫風波，請見 2017 年 1 月 19 日《人道報》之報導〈殺蟲劑：毒玉米持續留置於布勒斯特港〉（Pesticides. Le maïs toxique est toujours en rade dans le port de Brest）。

1969 年，APPSB 誕生，這個協會的全名是「布列塔尼鮭科生產與保護協會」（後轉為「布列塔尼水資源與河川協會」）。

1971 年，布列塔尼的綠潮第一次被正式觀測到。

真是臭到不行……

他們向政府發出警訊，指出鱒魚與鮭魚正在消失。

當地人說，這是「一團近乎白色、會冒出泡沫、味道令人作嘔的東西，會把原本的細沙灘變得像一堆糞肥，難聞的惡臭甚至蔓延到內陸。」[7]

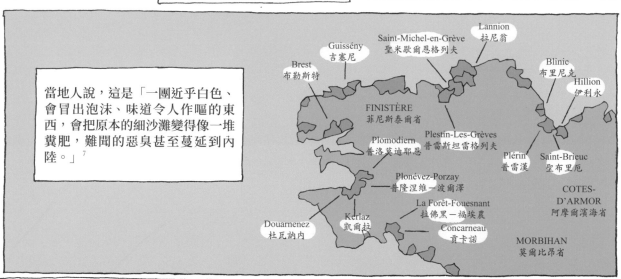

Lannion
拉尼翁

Saint-Michel-en-Grève
聖米歇爾恩格列夫

Guissény
吉塞尼

Blinic
布里尼克

Brest
布勒斯特

Hillion
伊利永

FINISTÈRE
菲尼斯泰爾省

Plestin-Les-Grèves
普雷斯坦雷格列夫

Plomodiern
普洛莫迪耶恩

Plérin
普雷漢

Saint-Brieuc
聖布里厄

Plonévez-Porzay
普隆涅維－波爾澤

COTES-D'ARMOR
阿摩爾濱海省

La Forêt-Fouesnant
拉佛黑－福埃農

Douarnenez
杜瓦訥內

Kerlaz
凱爾拉

Concarneau
貢卡諾

MORBIHAN
莫爾比昂省

1977 年，海洋漁撈科學與技術研究院[8]（後來的法國海洋開發研究院 IFREMER）的喬艾爾·寇普認為，造成海岸地帶汙染的原因是農業產生的磷酸鹽與硝酸鹽。

然而接下來的二十年間，其與農業的關聯性一直沒有定論……

不、不，集約式農業和硝酸鹽增加沒有任何關係。

喬艾爾·寇普
海洋漁撈科學與技術研究院
拉尼翁及聖布里厄海灣綠潮現象之研究

米歇爾·多爾拿諾
環境部長
1979 年

7. 資料來源：《綠潮，四十個必懂關鍵字》（*Les Marées vertes, 40 clés pour comprendre*），亞蘭·梅涅茲關，Éditions Quæ 出版，2018 年。

8. Institut scientifique et technique des pêches maritimes，簡稱 ISTPM。

80 及 90 年代，集中養豬場規模越來越大，卻完全不符法規。許多城鎮開始禁止民眾生飲自來水。

1980 年，省衛生處回覆佩德涅一位醫師的來信。這位醫師擔心鎮上的井水與泉水受到汙染[9]……

不可生飲

「您一定也知道本省大部分、甚至可說幾近全部的井水與泉水都遭受汙染了。很遺憾地，眼下農業的發展與強烈需求凌駕於公共衛生之上，幾乎不可能與之抗衡……」

省長們著手讓大批非法擴張的養豬場合法化。1993 年上任的阿摩爾濱海省議員馬克‧勒富爾被暱稱為「豬仔議員」，因為他打算讓養豬場的設置和擴大更便利。

2014 年，他所推動的其中一項修正案，讓必須申請許可才能經營豬舍的門檻從容納 450 頭豬拉高到 2,000 頭。

1985 年，兩位法國海洋開發研究院[10]的科學家亞蘭‧梅涅茲關和尚－伊夫‧畢希吾再次著手確認這種布列塔尼海岸特有的海藻「石蓴」大量繁殖的原因。

早在 1988 年，他們就向聖布里厄市長報告過研究成果，在場的還有阿摩爾濱海省省長及大區議會的幾位議員……

快過來看一下！

法國海洋開發研究院
布勒斯特中心

各位會發現這件事用膝蓋就能理解。

亞蘭‧梅涅茲關
海洋學家

9. 資料來源：〈綠藻陰謀〉（Les complices de l'algue verte），刊於《解放報》（Libération），Pierre-Henri Allain 撰，2009 年 12 月 8 日。
10. Institut français de recherché pour l'exploitation de la mer，簡稱 IFREMER。

問題主要來自於河川與水流中含有過量的硝酸鹽。

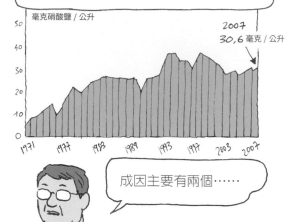

1960 年代制定農業現代化法令以來，布列塔尼河川中的硝酸鹽濃度增加為原來的十倍。

毫克硝酸鹽／公升

2007
30,6 毫克／公升

成因主要有兩個……

肥料、無機氮大量施用於耕地之上……

……還有源源不絕的動物排泄物持續排入土壤中[11]。

而氮在土壤中會轉換成硝酸鹽。

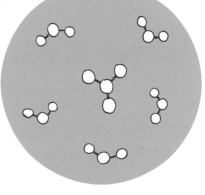

如果土壤中養分過多，硝酸鹽便會隨著逕流散布到別的地方，最後流進河川，再注入海洋……

眾所周知，硝酸鹽是一種超級肥料：它能讓植物長得好，就能讓海藻長得好。

集中飼養解釋了含氮量為何會過高。
古老的土壤－植物－動物三角平衡關係被打破了。

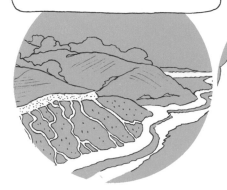

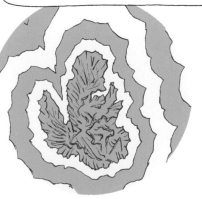

11. 布列塔尼生產全法國 58% 的肉豬，可用農地面積卻只占全面積的 6%。布列塔尼的豬隻數至少是人口數的兩倍以上（730 萬對上 320 萬）。此為 2015 年的數字。

結論是，造成綠潮現象的直接成因，就是集約式農業。

嗯……

不過……

此一現象的成因更為複雜，我們不能忽視城鎮所排出的大量廢水中含有的磷酸鹽。

的確重要[12]

磷酸鹽絕對不容忽視。

我們要做的，是針對整個區域的都市汙水淨化廠制定一個改善計畫。

當時沒有一個人懷疑這些綠藻可能有害公眾健康，甚至海洋開發研究院的科學家也是如此。

但問題的核心在於這件事重創觀光產業和整個大區的形象。

大家快被綠藻煩死了。

觀光產業絕對不容忽視。

所以如果我的理解沒錯，假如河水不流進大海，就不會產生綠藻了？

磷酸鹽的確也會影響綠藻的形成，不過我們能改變的只有含氮量。

因為只需要極微量的磷酸鹽，綠藻就會生長了。硝酸鹽就不是如此。

十年過後的 1999 年，法國政府在一場研討會上正式承認是農業導致綠潮的形成。這場研討會是由海洋學家米歇爾·梅瑟宏籌辦的，他曾參與亞蘭·梅涅茲關在海洋開發研究院[13]的研究團隊。

12. 譯注：原文 Surtout les phosphates。
13. 關於「正式承認」這件事是怎麼辦到的，請見附錄，第 142 頁。

但其後好幾年間,海洋開發研究院與環保團體的研究不斷遭到農業界的攻擊,質疑其可信度。

這些科學家真是夠了,不要再把自己的工作跟自己要推廣的信念混為一談!

沒有任何證據能確定綠潮和農業活動之間有所關聯……為了更加瞭解綠潮現象的成因,國家應該和公正嚴謹又客觀的科學家合作才對。

歐立維耶‧亞瀾
阿摩爾濱海省農會主席
2011 年

提耶西‧梅黑
農產業者公會省級聯合會[14]
菲尼斯泰爾省分會主席
2011 年 9 月

綠藻的大量增生被當成非常好用的象徵,但是沒有任何證據能確定周圍集水區的農業活動與此有關。不管是關於我們大區還是國際性的科學數據和土壤檢測,都顯示氮不是這種現象的元兇。

我們讓布列塔尼變得更繁榮,卻要承受這樣的汙蔑,這是不可忍受的。站在第一線守護環境的,就是我們。

J.-M. 法文涅
農村協調會主席
2009 年

環保人士根本是跟太陽聖殿教一樣危險的邪教組織。

賈克‧賈文
布列塔尼農會主席
2009 年

那些宣稱出現綠藻一事與農業有因果關係的「科學」論文,所採用的模型都未經過驗證。這是一種政治意志的表現,想藉由指控汙染環境,把農業趕出此地。

貝納‧博薩米
數學家
2011 年

皮耶‧哈努
時任阿摩爾濱海省豬肉製品
生產集團 Porfimad 總裁
1996 年

環保團體「水資源與河川協會」的成員是一群寄生蟲,他們滿腦子只想著自己,打算毀了布列塔尼的經濟活動。

農民和他們的家人都氣憤難當,看著那些「綠色赤柬」、馬基維利的信徒,乘著焦慮的浪潮豢養恐懼,甚至藉此宣傳自己的相關著作,謀一己之利……

他們怎麼不說那些海灣的水中飽含民眾洗衣服流出的磷酸鹽呢?

我要呼籲布列塔尼人保持信心,向誣衊、謊言與恐懼說不。

賽巴斯蒂安‧古貝
阿摩爾濱海省第一間養豬合作社
Cooperl 負責人
1993 年

米歇爾‧布洛赫
布列塔尼肉品製造商聯盟
(UGPVB)主席
2011 年

14. 全名為 Fédération départementale des syndicats d'exploitation agricoles。
15. 本頁的引言取自《電訊報》、《西法蘭西報》、農村協調會的新聞稿、數學計算公司(Société de calculs mathématique SA)2012 年 3 月 7 日之報告,以及《解放報》。

2011 年 8 月 13 日，在野豬事件鬧得正兇時，農產業者公會全國聯合會（FNSEA）在曾有許多動物喪命的莫里厄海灘舉行了一場足球賽。

活動目的：證明在布列塔尼的海灘上從事娛樂活動安全無虞，因為「這裡不是車諾比」。

在這次大型活動中，阿摩爾濱海省農業公會省聯會（FDSEA）主席迪迪耶・路卡指責布列塔尼的環保人士應該為農民的自殺負起責任[16]。

看到自殺人數不斷增加，我怒火中燒！

大家都沒有想到，某些拼命把我們打成殺人魔的人，他們的誹謗中傷、惡毒言論與不尊重人的態度，會逼得一些農友走上絕路！

16. 60 年代以來，法國農業工作者自殺的人數高於其他族群。根據農民社會互助保險的資料，在 2018 年的法國，每兩天就有一位農民自殺。

73

1996 年環境科學與科技研究所（ISTE）成立之時，大家對這些言論都知之甚詳。ISTE 是由農產食品加工業者成立的非營利組織。

Lactalis 集團旗下品牌

艾曼紐‧貝尼耶，生於 1970 年，2018 年擁有的財產估計達 120 億歐元，在法國富豪榜上排名第五。

COOPÉRATIVE
cecab

ISTE 會請一些科學家發表為硝酸鹽平反的言論，而他們往往都是對氣候變遷抱持懷疑論的人。

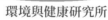

Institut de l'Environnement et de la Santé

環境與健康研究所

其中為首的是克里斯提昂‧布松，前國家農業研究院農學工程師，轉任農產食品加工業顧問。

克里斯提昂‧布松

他和妻子主持「GES —環境研究室」（2016 年營業額為 400 萬歐元，淨營收為 30 萬）。

Doux 集團旗下品牌

查理‧杜（1938-2015）
2009 年法國富豪排名第 151 名
2008 年營業額為 15 億歐元

2012 年以前，他頻繁出席農民大會（由農民合作社或公會舉辦）、到高中演講，言論也屢屢見諸農業報刊。

常常有人問我對綠潮的意見⋯⋯

我說這就是個不折不扣的神話。你找不到任何一篇法國海洋開發研究院的論文是談農業、硝酸鹽和綠潮的關係。

我認為硝酸鹽從來就跟藻類增生一點關係都沒有。

不只如此，我還常說硝酸鹽對身體有好處。

濱螺的消失倒有可能是條線索……或許是 1978 年漏油事件帶來的「黑潮」導致綠潮形成，因為以綠藻為食的濱螺都死光了。

這只是一個假設，但還有其他可能……

此外，綠潮從來不曾致命。那匹馬陷入泥沙之中，那就是唯一的死因……要是沒有身陷泥沙，牠就會活下來了……

這種相牴觸的論調在農民與大眾心中播下困惑的種子。

你是不是要加入綠藻計畫呀？

呼……我也不知道……

我不懂為什麼濱螺那條線索被丟到一邊……

農民只占全人口的3.6%，怪他們最方便[17]！

彭摩希－裴地的高級農業職業學校

17. France 3 Bretagne 於 2011 年 3 月 24 日採訪到的言論。

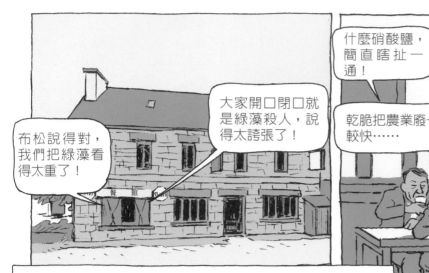

布松說得對，我們把綠藻看得太重了！

大家開口閉口就是綠藻殺人，說得太誇張了！

什麼硝酸鹽，簡直瞎扯一通！

根本不可能減少硝酸鹽！

乾脆把農業廢一廢比較快⋯⋯

那些環保人士真是煩死人了。

安德烈・歐立佛因此付出許多代價。早年離鄉前往巴黎地區工作的他，在 2000 年代初期回到阿摩爾濱海省過退休生活。他發現童年的海灘如今已變了樣⋯⋯人們無法在那裡游泳了⋯⋯

他決定積極參與綠潮止步協會的行動。

從那時開始，我就常遇到一些不開心的事。

喂！！

你那張大嘴巴，還不給我閉起來？

唉唉唉

2008 年，發生伊利永犬隻死亡事件那陣子，有人弄壞我小貨車的引擎。

RRRRTT\\\\\TIIT...*
RRRRRTT\\\\TIIIY...

*汽車引擎發不動的聲響。

2009 年，發生馬匹死亡事件那陣子，我多次收到訃聞，那是給我的死亡威脅。

哎喲，臉色怎麼那麼難看！

某天早晨，我發現自家門口被放了好大一堆肥料。

《電訊報》採訪我的報導刊出那天，來了三大綑牧草捲……我連家門都出不去。

2011 年 8 月 2 日，野豬事件延燒的那陣子，出現一隻死狐狸，頭還浸過酸。

我都有去警局報案，但都沒有下文[18]。

2012 年底，數十位農業公會全聯會（FNSEA）的成員包圍我的海濱小屋示威，其中包括省聯會（FDSEA）的主席迪迪耶·路卡和農會主席歐立維耶·亞瀾。他們說我沒有取得建築執照。

這地方根本打臉你的滿口大道理！

歐立佛
枉顧法律

省政府那邊說找不到我的建築執照……也就是說我的小屋要被剷平了！幸好我自己找到了。他們就只是想搞我而已，我真是嚇壞了……感覺糟透了……

18. 關於歐立佛的報案紀錄請見附錄，第 152 頁。

又有一天，來的是大區的觀光委員會。他們在我家待了三個小時以上。

事情還沒完：聖布里厄的地方觀光委員會要求地方報社簽署一份規約[19]，承諾夏季這三個月內不會報導與綠藻有關的事。

在電視上講綠藻的事，會讓布列塔尼的形象一落千丈……

您明白嗎？

聽到這種事我只想吐！

我會退出委員會，不過也不搞政治了……

綠黨民代（隸屬於布列塔尼民主聯盟）

這段期間，歐立佛接到無數支持打氣的信件，其中一封來自當地的民意代表。她不願署名，因為害怕會再次遭到騷擾……

致安德烈・歐立佛先生

我得知與綠藻有關的前因後果，以及針對您而來的種種威脅。我一定要寫這封信告訴您，我衷心支持您的行動。回顧過去，我曾將許多人默默藏在心裡的話大聲說出來，因而吃了許多苦。XXXX年時，我上XXX台接受採訪一事帶來種種難以想像的激烈反應：死亡威脅、各式各樣的恐嚇、可疑包裹、在為了推動XXX所舉辦的公開集會中鬧場。我真的是孤立無援。我曾經幸運閃過一拳，但當時和我同屆的候選人並未發出任何不平之鳴。相反地，XXX把我當成瘟神一樣，而且因為XXX選輸了，我被點名應為此次敗選負責。我為那場訪談付出非常大的代價，但我不過是揭露了農民們的真實狀況。那是選舉期間，只要碰到選舉，每個黨派都只會做些官樣文章。我認為我們需要像您這樣的人，勇於說出

2012 年，一份跨部會報告[19]正式揭露農產食品加工業採取「不確定策略」來延長他們在環保方面的不作為。

環保人士！我不確定這是媒體渲染的結果還是怎麼樣，不過每件事都是他們最大聲。

越是死硬派的人，越會走火入魔、偏離現實，聲量就越大。

但這套策略似乎不完全是產業界想出來的……

尼可拉・沙克吉
2011 年 7 月 8 日
克羅松

18. 報社最終沒有簽署這份規約。

19.〈大型綠藻增生原因之科學知識評估，針對布列塔尼狀況的具體作為與提案〉（Bilan des connaissances scientifiques sur les causes de prolifération de macroalgues vertes, application à la situation de Bretagne et propositions），2012 年 3 月。

第一份綠藻計畫（PAV，期間為 2010~2015）是在沙克吉任內、騎士與馬匹死亡事件發生之後啟動的。經費為一億三千四百萬歐元。這一次，科學界也以某種方式被排除在外。

綠藻計畫的目標是在五年內讓硝酸鹽的濃度降低至少 30%，並於 2027 年達到每公升河水硝酸鹽含量 10 毫克 [20] 的標準。如此一來，綠潮的規模可望減少一半。

一個獨立科學委員會將負責評估各項行動方案並監督其實施……

可是重要的海藻專家亞蘭・梅涅茲關卻未受到邀請。是因為其他學者向大區環保處 [21] 提出要求，他才能加入委員會的。

根據其他沒有被邀請的專家當時的體會，這種排除是不折不扣的言論審查。

我希望以匿名的形式發表意見。

我一直都相信當時有人施壓，讓我無法參與委員會，這讓我很難受……

現在比較釋懷了。

20. 2015 年時，根據水質監測站（Observatoire de l'eau）的資料，當地河川中的平均濃度爲 35.3 毫克／公升。
21. Direction régionale de l'environnement，簡稱 DIREN。

身為公家機關的研究單位主管，我負責為農業部門制定〈汙染者付費原則〉的實行方式。

各位要知道，1991~2010 年間，為了減少農業造成的水汙染，布列塔尼獲得的政府補助大約是 10 億歐元。

然而整體而言，這項投資是失敗的。

這些補助往往靠的是生產者的小小善意。硝酸鹽過量汙染的罰金幾乎沒有嚇阻作用可言。

況且這些補助 80% 來自稅捐，也就是說到頭來，其實是汙染的受害者在補助製造汙染的人。

業界人士簽署承諾書以取得補助金，卻不必保證成果，所以設定的目標從來沒有達成。

關於補助的事，所有人都閉口不談。

問題是：這筆錢到哪裡去了？

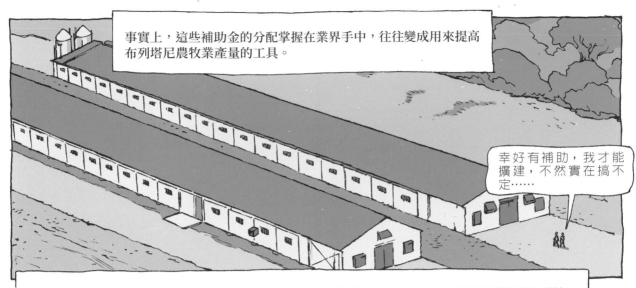

事實上，這些補助金的分配掌握在業界手中，往往變成用來提高布列塔尼農牧業產量的工具。

幸好有補助，我才能擴建，不然實在搞不定……

舉例來說，補助設置糞肥處理站與新飼料配方讓含氮排泄物減量了 30%，並使養豬隻數得以增加 30%。由此看來，這些補助對環境保護根本沒有助益。

+30%

-30%

早在 2013 年，綠藻計畫的科學委員會便公開揭露計畫成效不彰。

大家從未考慮大幅減少飼養隻數與肥料用量……

不過海藻倒是從沒像今年這麼少過。

那是因為氣候：今年春天溫度低、夏天來得遲。這不代表什麼。

然而不這麼做，我們什麼也改變不了。

皮耶・歐胡索
農業工程師，布列塔尼環境科學顧問小組主席

81

舉例來說，最重視生產效率的一群農牧業者並未從源頭減少汙染，而是訴求設立排泄物再處理回收廠。

但如果這麼做，就必須建造 5,540 座再回收廠，地方政府以得拿出超過 10 億歐元的經費……

綠藻計畫給農牧業者很大的空間。

人民團體和科學家在裡頭只是邊緣人。

當地人採取一種防堵策略，想要維持生產主義的邏輯，但我們需要為無以為繼的時候準備一套因應之道。

農業公會全國聯合會不斷質疑 2027 年要達成河川硝酸鹽濃度 10 毫克 / 公升的目標。

面對這種情形，需要堅定的政治決心，以及提供強力的誘因。

啪！

2016 年夏天，布列塔尼環境科學顧問小組的經費被區議會凍結了。

？！

5月，聽聞布列塔尼環境科學顧問小組可能被裁撤，我們聯繫了布列塔尼區議會。

2016 年 6 月 2 日
巴黎的布列塔尼會館

公關部安排我們和負責水資源與環境事務的區議員提耶西‧布爾洛會面。幾個月前我們才因莫爾法斯案見過他。

提耶西‧布爾洛

此時他的態度已變得相當不同。

咦……

咦……我們見過嘛！

是的，我們見過。

上次你們已經為莫爾法斯案採訪過我。哇，你們對綠藻的議題真是鍥而不捨耶！

沒錯，這個議題很值得深入挖掘，您不覺得嗎？

哈！

哎，這就不好說了……

您知道嗎？現在啊，我學會用哲學的眼光看世界。

請進。

要來杯咖啡嗎？

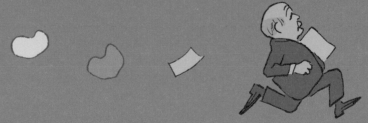

5. 心態的改變：「綠藻計畫」的背後
Changer les mentalités... les dessous des
plans algues vertes

1. 即「打擊綠藻計畫科學顧問小組」（Conseil scientifique du plan de lutte contre les algues vertes，簡稱 CSAV）。
2. 全名為「布列塔尼水資源科學鑑定與資源中心」（Centre de resources et d'expertise scientifique sur l'eau en Bretagne）。

如果是這樣子的訪談⋯⋯

我還有別的事要做⋯⋯

「如果是這樣子的訪談」是什麼意思？

到此為止！您的問題都是有意誘導⋯⋯我到此為止！！

莫爾法斯事件時您就愚弄過我一次，把我沒有說過的話硬塞到我嘴裡。

等等！不是這樣的！

我向來樂意回答媒體提問，但我不會再重蹈覆轍。

可是⋯⋯

我不會再重蹈覆轍！

到此為止。

可是⋯⋯提耶西·布爾洛⋯⋯

到此為止！

可以了吧！

您想怎麼寫就怎麼寫好了，悉聽尊便！

可以吧！

好吧⋯⋯提耶西·布爾洛走了⋯⋯

2016 年底，布列塔尼區議會啟動第二期綠藻計畫，執行期間為 2017~2021 年。費用：一億一千七百萬歐元。

2011 年成立的 CRESEB 自此取代科學顧問小組（CSEB）。

區議會希望成立更有效的機制來對抗綠潮問題……

派翠克·杜宏
國家農業研究院研究員

該科學委員會的成員將由一群科學家選出，不過遴選者也包含受綠藻侵襲海灣的管理單位，以及區議會的民意代表。

不過請注意，我已同意在 CRESEB 中承擔一席職位，條件也說得很清楚：民代不可以對委員會施壓。

事實上，為了消除綠藻，農業必須徹頭徹尾地改變。但這是不可能的，農民們並沒有做好準備……

大部分農民人生絕大多數時間都花在拖曳機上，不關心什麼農業科學。我們不能強逼他們……

我不贊成以強硬的手段改變。

但我堅信，我們可以一點一滴改變他們的觀念[3]。

3. 這些言論取自作者與當事人 2016 年 6 月的電話訪談內容。

前面這幾頁的內容曾刊載於《視覺時評》（*La Revue Dessinée*）第17期，布列塔尼大區議會與派翠克·杜宏對此提出抗議。

譯注：此為收信人，推測是寫給雜誌發行人。

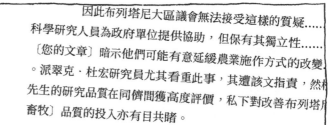

因此布列塔尼大區議會無法接受這樣的質疑……科學研究人員為政府單位提供協助，但保有其獨立性……〔您的文章〕暗示他們可能有意延緩農業施作方式的改變。派翠克·杜宏研究員尤其看重此事，其遭該文指責，然林先生的研究品質在同儕間獲高度評價，私下對改善布列塔尼〔畜牧〕品質的投入亦有目共睹。

最後，請您相信本議會絕大多數……共同打擊綠藻惡害的意志。貴刊對本議會多數意見……之組成及兩位副議長立場過度簡化之報導，完全不符合……集體之投入。新聞媒體就綠藻議題展開討論，而貴社亦參其中，這件事意義重大，不但讓綠藻不再是個禁忌話題，更為開啟對話、帶來實質行動的議題。而自性對近期修件之……

你們為了心目中正義的目的，便恣意編排渲染……
實屬憾事。
派翠克·杜宏　敬上

PS.：我這輩子除非為了表演，否則從沒打過領帶。

我們不斷通信，直到他約我們到他家去。

我不知道你怎麼樣，不過我真的是燈枯油盡了……

應該就是這裡了……

我看你們是吃了秤砣鐵了心，所以才叫你們來。

秤砣是好東西。

我們詢問他2013年的一份研究，這份研究證明第一期綠藻計畫是無效的，還被禁止公開長達一年。

區議會沒有公布那份研究，是因為怕農民會感到灰心。

但我不覺得這是言論審查。但我不覺得這是言論審查。

你們覺得是嗎？

2018 年 4 月 21 日

自 2004 年起，布列塔尼大區議會便由社會黨的尚─伊夫·勒德理翁擔任議長，他曾多次表現出支持高效率的農業生產形態[5]。與他同一陣線的有：

歐立維耶·亞瀾
畜牧業者，農業公會省聯會（FDSEA）前主席，副議長（主管農業與農產食品加工業事務）

羅倫絲·佛坦
法國農業信貸銀行高層，副議長（主管國土規畫事務）

歐立維耶·亞瀾是養牛業界的重要人士。

他曾擔任阿摩爾濱海省省聯會主席，之後又擔任阿摩爾濱海省農會主席。

在野豬死亡事件延燒時，他居中負責與產業界溝通。從以下由養豬業者 Aveltis 合作社寄給社員的電子郵件中可窺知一二。

2011 年 12 月，數張照片顯示他和一群人來到安德烈·歐立佛的土地上施壓。

我們真是氣憤難當！

歐立佛
枉顧法律

您好：
繼媒體大肆報導莫里厄海岸發生的事件後……昨日在記者會上披露之分析結果並無法確定致死原因。然而眾多媒體，包括文字與影音報導，皆強調元兇疑為硫化氫（H_2S）。本社接獲眾多記者要求訪問養豬業者。依據專業人員準則，本社決定〔暫不接受〕邀請，直到明確結果公布為止。儘管確定結果尚未出爐，阿摩爾濱海省農會主席歐立維耶·亞瀾將就事實部分、有待確認之處以及不實指控之操作發表意見。

5. 本書定稿之際，我們在 2019 年 1 月 10 日得知布列塔尼大區已入股 D'Aucy-Triskalia 集團（布列塔尼最大的食品加工集團，2020 年 1 月已合併為 Eureden 集團），投資額高達五百萬歐元。

我們氣憤難當，因為有人讓法國社會深深相信農民不過是一群生產至上、對環保問題一無所知的粗人。

我們氣憤難當，因為我們被當成唯一的箭靶，要我們為綠潮惡化負責。

我們氣憤難當，因為看到報紙上寫海灘封閉，卻不寫都市汙水與綠藻之間有什麼關係。

我們氣憤難當，因為看見每個人都在遮掩家庭汙水的問題。

《西法蘭西報》
2011 年 8 月 8 日

2015 年，亞瀾鼓勵農民不要申報氮排放量。政府要求申報排放量是為了確立肥料排放上限。

同年，在老友理查·曹宏的牽線下，他成為艾曼紐·馬克宏總統競選團隊的農業顧問。

我們不能接受的是，這些措施產生的經濟衝擊，會讓一個中型農場的盈餘總額減少約 3%。我們建議不要填寫氮排放量申報表。

同一陣營的尚－伊夫·勒德理翁，在 2015 年的選戰中拒絕與任何環保人士結盟，使布列塔尼成為綠黨與社會黨的全國性協議中，唯一破局的地區。

不可諱言，尚－伊夫·勒德理翁和布列塔尼的富豪們關係良好，而這群人組成的遊說團體是整個歐洲最有組織的遊說團體之一[6]。

嘟嚕嘟嚕…　　鈴鈴鈴…

嘟嚕　　　　　鈴…

6. 《布列塔尼式遊說》（*Le Lobby breton*），Clarisse Lucas，nouveau monde éditions 出版，2011 年。

尚－伊夫・勒德理翁和布列塔尼產業界的友好，或許就是這位區議長對綠藻問題持否認態度的原因，尤其在以下事件中……

2011 年 2 月，距離閣員們來到聖米歇爾恩格列夫海灘過了 18 個月，綠藻計畫正在執行中，法國自然環境協會印製了六款壁報，揭露集約式農業的惡害，其中兩幅與綠藻有關。

法國自然環境協會立即遭到肉品遊說團體（INTERBEV 及 INAPORC，後來遭到駁回）和勒德理翁的提告。

安全無害不用怕

遇上基因改造，你還退得不夠遠

這項行動假借未經證實的危險性來破壞布列塔尼的觀光吸引力……。我不能放任他們這樣潑髒水。

消失的嗡嗡嗡

有些殺蟲劑會對蜜蜂形成致命威脅

敗壞布列塔尼形象的不是這些壁報，真相就是如此。

尚－伊夫·勒德理翁是個（消音）[8]。他只需要去布列塔尼北部的海岸走一走，就會親眼看到真相，真相就是那裡根本沒辦法玩水了。

基·阿斯桂特
區議會民代，環保人士

瑟西·杜浮洛
Europe 1 電視台

在十位社會黨與共產黨的布列塔尼參議員撐腰下，尚－伊夫·勒德理翁控告杜浮洛誹謗。

追殺蜜蜂

有些殺蟲劑會要了蜜蜂的命——這不是電影

這項行動一味嘲諷取樂，實在太輕率無知。

我感到非常遺憾。

大騙子

法律沒有規定用基改飼料養出來的畜產品必須標示

100% Naturel

當我看到法國自然環境協會如此斷章取義，我感到同樣的憤慨與不滿。

幾天後農業展就要開幕，該協會的行為無疑是在挑釁，實在是丟臉至極！

薩維耶·薄藍
時任全聯會主席

布魯諾·勒梅
農業部長

為達目標我們作出改變

醺酒有害健康

我要求中央凍結給法國自然環境協會的補助。

馬克·勒富爾，阿摩爾濱海省國會議員，國民議會副議長，也是國民議會豬肉類農產食品加工業研究小組的召集人之一。

幾個月過後，因為難以成理，尚－伊夫·勒德理翁撤回所有告訴。

這個冬天它無所不在

不過因為被告，導致提及綠藻的那兩幅壁報變得非常敏感。

哈哈！

莫爾托香腸

事實上，地鐵站再也沒有貼出那兩幅壁報。

8. 杜浮洛用了一個不太好聽的字眼。

你是在說綠藻嗎？

農民之間很少談論，不過綠藻計畫開始之後，責任當然就落在我們身上……

我自己是覺得，豬應該是罪魁禍首。不管怎麼樣，那些肥水就是直接從牠們身上出來的。

很多農民都願意放棄集約式生產，不過講歸講啦，根本不可能發生。

都跟銀行貸了款，要再變更型態就很難了……

更不用說為了不斷配合法規要求，不得不常常申請新的貸款[12]。

9. 本頁為阿摩爾濱海省一位農民的匿名證詞，我們姑且稱他為保羅。

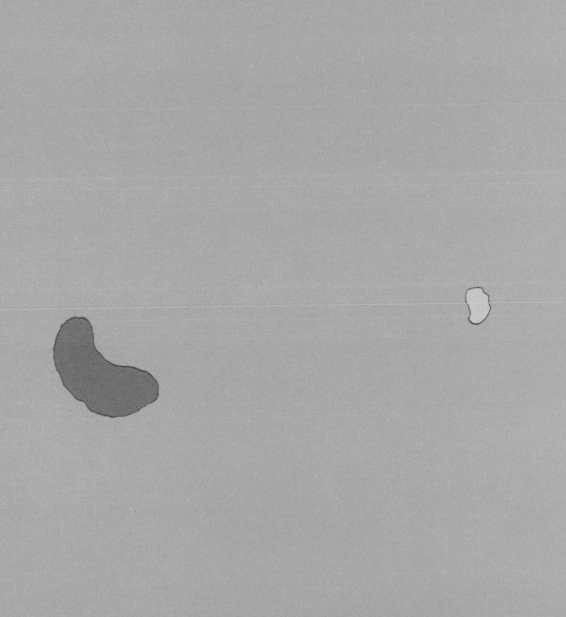

6. 農人手中握不住的財富
La richesse échappe aux agriculteurs

現在在布列塔尼，獨立的豬隻與家禽生產者占 1%，其它 99% 都加入了 Triskalia、la Cooperl 等集團。從飼料、動物的增肥、屠宰到加工，各種專業都集中於同一個集團之下。

這些集團表面上採取農民合作社的形態⋯⋯

然而事實上，權力集中在管理階層手中，而董事們往往都曾被選為全聯會代表，彼此聲氣相通[1]。

薩維耶・薄藍，擔任全聯會主席至 2017 年，也是 Avril 集團的老闆。

而這位喬治・嘉拉爾東是 Triskalia 總裁，曾任 Jeunes Agriculteurs 22（全聯會的青年部）部長。

基層的社員變成單純的勞工，卻不能享有受雇員工的福利。

既沒有有薪假，也沒有失業保險⋯⋯

派翠斯・德立野，合作社 la Cooperl 社長，曾任全聯會的全國性董事⋯⋯

我自己曾經是全聯會代表[2]。

我發現因為與企業高層的這一層關係，公會更願意支持那些集團，甚於支持農民。

這讓我覺得反胃，於是我離開了。

1. 在《大地的割頭手》（Les Saigneurs de la Terre）一書中，Camille Guillou 解釋為何合作社運動最初抱著崇高理想，要「讓生產者自己面對商人，掌控產品的供應與銷售」，最終卻一敗塗地。
2. 以下為養豬戶「保羅」的親身見證。

加入這些集團，就是加入一套奴役體系，生產者沒有置喙之地。我知道得太晚了……

他們把殺蟲劑、肥料、動物、飼料賣給我們，沒有談判的餘地……

有的集團會那些給反抗的農民有問題的產品，讓他們傾家蕩產。

一夕之間，我的養豬廠就出了亂子。我做了檢驗，發現他們送來的飼料是過期的，導致我的牲口開始生病……

就在不久前，我跟記者說過一些事情。

集團也可以讓豬舍的淨空期間拉長到數個月（亦即牲畜送往屠宰後、引進新牲畜前的衛生清消期間）。

淨空期拉得越長，我們損失的錢就越多。

董事們大多享有最短的淨空期，所以收益也最好。

不只如此。這些集團彼此有默契，如果我們脫離其中一個集團，別的集團也不會讓我們加入。

他嗎？

哈哈哈！

搞笑耶你……

他們創造了一個恐怖體制。對我來說，農民自殺的原因與此有很大的關聯。

生產力提升的好處都被農產食品加工業的高層、銀行與大通路商搜刮走了……

產業界累積的財富因此越來越龐大，而這是靠我們農民撐起來的。

不過，肥料的銷量今年又提升了。

SANDERS

Casino

NUTREA

氮肥

EURO

種籽

氮肥

BASF

全聯會和農產食品加工業者說：「我們創造了布列塔尼的財富，我們創造了布列塔尼的工作機會。」

伊夫－瑪利・勒雷
守護特黑戈爾協會

吹牛計畫

反硝酸鹽

廢物計畫，零成效！

但他們忘了說清楚，這些企業可是靠著大筆補助才能做到這些事……

沒打點滴他們活不下去。

例如 Doux 集團，他們是出口導向的雞隻飼養與屠宰企業（對象包括沙烏地阿拉伯、卡達、阿聯酋等）：到 2012 年為止，這間集團每年從歐盟獲得 6,000 萬歐元的出口補助，15 年來總計超過 10 億元。這些補助讓 Doux 日益壯大。從停止補助的那天起……它就開始下沉，上千名布列塔尼員工因此遭到資遣。

然而同一時期，擁有 3,000 億歐元家產的 Doux 家族名列布列塔尼富豪榜的第二名……

布列塔尼的農產食品加工企業榨取歐洲納稅人所貢獻的公帑，讓自己的高層口袋滿滿。

Triskalia 的人力資源部長一個月可以領 9,000 歐元，年度獎金則有 26,000 萬 [3]。

合作社的總經理月薪可達數萬歐元。

大宗出口極低價的產品，這種農業形態讓第三世界國家的農業因失去競爭力而受到重創，與此同時，法國則從國外進口高品質的產品（法國消費的禽肉超過 40% 來自國外）。

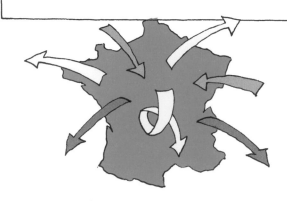

3. 2010 年的數字，取自布勒斯特勞資調解委員會的一份裁定。

過去我曾是全聯會的會員，擁有一個集約式生產的酪農農場。

尚－伊夫·吉祐
福埃農（南菲尼斯泰爾）的酪農

我曾經參與第一期的海藻計畫。從社會學的角度看，我覺得蠻有意思的。

每一次開會我都參加。

大家老是重複說一樣的事，根本沒有在對話。農會（被全聯會把持）把所有提案都擋下來。

對中央政府來說，只有能創造GDP、能賺錢、能提高經濟成長率的提案才有價值。

但是要解決綠潮的問題，其實應該減少成長、降低產量。

至少我是這麼想……

那時候我開始閱讀農業史，加上一點哲學，關於政治生態也讀了不少。

直到後來有一天……

我開口了……

省長先生，您是個騙子。要是沒有綠藻計畫的話，你們所有人都會很開心……

如果你們真的想做出改變，就必須一個農場一個農場地檢查……

設立罰則，輔導想要脫離集約式生產的人轉型。

我看清這一切了。我退出綠藻計畫，也退出全聯會……

但是我生命中的某一部分已被綠藻計畫改變！

它讓我明白權力關係的樣貌以及每個人的利益何在。

當我和太太開始拿不到銀行信貸補助的時候，我們終於來到抉擇的時刻。

我的兩個兒子和其中一個媳婦搬來和我們一起住，我們組成了一個自主性更高的社團。

我們的玉米田從 35 公頃降到 2.5 公頃。我們的牛以吃牧草為主。

牛隻產乳量比以前少，不過支出也減少了。我們直接把產品賣給客人。

所以以前被企業拿走的盈餘全部歸我們自己了。

總的來看，我們這樣過得比較好。

我注意到綠藻計畫的談判會議上，農民們從屬的農產食品加工集團沒有來，銀行和大型通路商也沒有來。

綠藻計畫的科學家期待能「一點一點改變農民的觀念以達成消除綠潮的目標」這種想法太烏托邦了。

怎樣，牛奶奶，妳同意嗎？

我得說，這大錯特錯。

畢竟不是意識決定生活，而是生活決定意識[4]……

？
？？
哞～～～

4. 出自《德意志意識形態》（*L'idéologie allemande*），Friedrich Engels 與 Karl Marx 著，1845~1846 年。

在布列塔尼，越來越多公民開始提倡對自然環境更加友善的農業形態。

一些民眾會選擇直接捐款，支持那些符合他們價值觀的農業事業計畫。

阿摩爾濱海省的 Scrapo 農場就是一個例子。五個青年男女在這間農場裡工作，土地則是由數百位民眾共同買下[75]，他們認為把錢投資在有機農場比放在銀行裡更好，可以讓農民免於負債的窘境……

與此同時，出口導向、工業化、同時也是綠藻成因的農業形態持續蓬勃發展。

2016 年：中國的聖元國際在嘉黑（隸屬 29 省）的工廠正式揭幕，羅伊格·雪奈－傑哈（取代尚－伊夫·勒德理翁成為區議會議長）與理查·費宏出席了開幕儀式。

這間工廠由 Sodiaal 集團的工業化農場提供原料，每年可生產 10 萬噸嬰兒奶粉並銷往中國。

75. 透過「連結大地」（Terre de liens）協會之名購置。

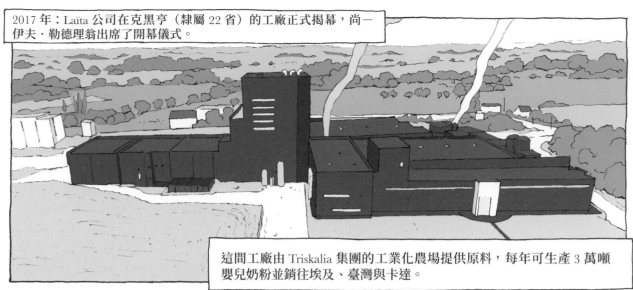

2017 年：Laïta 公司在克黑亨（隸屬 22 省）的工廠正式揭幕，尚一伊夫・勒德理翁出席了開幕儀式。

這間工廠由 Triskalia 集團的工業化農場提供原料，每年可生產 3 萬噸嬰兒奶粉並銷往埃及、臺灣與卡達。

布列塔尼大區標誌

至於綠潮，民選代表們依然充滿樂觀。

我們必須盡最人努力，拿出最佳表現，成為歐洲的領導者。

我們是有能力做到的，一如我們勇於迎向綠藻的挑戰。

2018 年 9 月 19 日
羅伊格・雪奈一傑哈

2018 年 1 月 25 日

要是五年後狀況沒有明顯改善，那就真的會讓人絕望了。

加一顆糖嗎？

嚕嚕嚕嚕

提耶西・布爾洛，布列塔尼大區區議會副議長，負責水資源與廢棄物事務。

對派翠克・杜宏來說，麻煩是否得到解決了呢？這是他在 2018 年 5 月 14 日傳來的電子郵件。

綠潮的量較之前稍微少了一些，但想到當初要是什麼都沒做，現在這樣已經算是少很多了。從我的模型上看起來是這樣的，無論如何……

5. 布列塔尼以及加洛語，意為「布列塔尼大區區議會」。

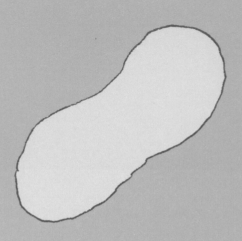

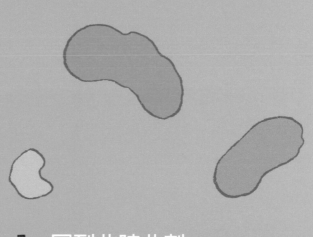

7. 回到此時此刻……
Retour au réel…

現在來到海邊，已不到綠藻蹤影。

這是因為它們一被沖上岸，怪手們就會舞動起來，將其清掃一空，再以卡車載到垃圾處理場。

這項任務每年耗費地方及中央政府近100 萬歐元的經費。

然而在某些機具無法進入清掃的地方，綠藻仍然繼續堆積。

例如聖布里厄海灣一帶的桂松河出海口。

在海潮帶動下，海藻被沖到這片難以到達的地方，在淤泥層中開始腐爛分解，形成許多有毒的氣室。

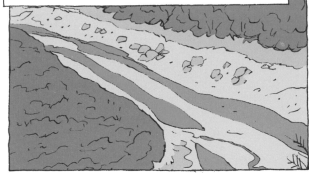

數萬立方公尺的有毒淤泥。

因此在這片被汙染的區域內，所有生命的蹤跡都消失了。

明明是自然保留區，卻不見任何一條蟲、一顆貝類、一隻濱鳥。

這是一片死寂的風景，凝結的畫面，彷彿不再有時間[1]。

1. 摘錄自《桂松河，有毒的河口》（*Guessant, estuaire toxique*），守護特黑戈爾協會的 Yves-Marie Le Lay 考察桂松河口後寫下的紀事，2016 年 9 月 10 日。

2016 年 9 月 8 日
阿摩爾濱海省侯隆橋一帶
桂松河出海口（附近通稱克黑繆）

收集許多證人說法之後，當時場面應該是如此......

呼......

我的媽呀！

米迦勒·寇松
伊利永鎮長兼聖布里厄灣觀光局局長

我的媽呀！
不會吧！

欸！米迦勒！
你好......

這一定要解剖，一個 50 歲的運動員突然心臟病發身亡很不尋常。

能借一步說話嗎？

消防隊
醫師

蘿西嗎？

方便說一下話嗎？

是這樣的，送去解剖的話要舉行告別式會很麻煩……

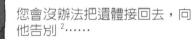

您會沒辦法把遺體接回去，向他告別[2]……

那您認為，拒絕比較好嗎？

我們想了想，決定不解剖了。

您確定嗎？

好，那我就取消法醫勘驗的申請。

2. 經過多次嘗試，我們在整本書即將完稿之際終於聯繫上米迦勒·寇松。他承認對於奧佛黑（Auffray）的家屬拒絕解剖一事曾發揮一些影響力，參見附錄，第 157 頁。

沒錯，一位 50 歲的慢跑者陷在淤泥裡。

是他太太和女兒發現他的。

地方媒體記者 [3]

他設法脫身的時候發生心搏停止的情形。有時候會……

事發地點在哪裡？

伊利永，在桂松河口……

警察

這有點意思……

這不就是幾年前死了 30 幾頭野豬的地方嗎？

我們要發一個短訊。

檢座嗎？

聖布里厄重罪法院

您不認為綠藻可能和昨天那位死者有點關係嗎？

啊？

哪位死者？

伯通‧勒克萊檢察官

啊，我知道了……不，沒有關係……他是為了救他的狗才會陷進泥沙裡。就是這樣。他應該是耗費了太多體力，又剛運動完，就發生心臟病。

總而言之，那邊沒有綠藻，你們也知道綠藻都依照省府的命令清除了。

有的地方沒有。

3. 這是作者採訪當地新聞記者後創造的人物。

2016 年 9 月 10 日，死亡事件發生兩天後，一群環保運動人士帶著硫化氫檢測設備來到事發地點。

伊夫－瑪利・勒雷
守護特黑戈爾協會會長

如何？

380ppm[4]！

有夠高！

看來我們要在報紙上刊登一篇啟事……

再說，我還不算走得很進去呢……

4. 100ppm：短暫失去意識；500ppm：很快會因抽搐昏迷致死。

然而那位慢跑者的遺體就這樣下葬了，聖布里厄的檢察署並未積極進行任何檢驗，連血都沒有抽。

發生這樣的死亡事件，您都沒想到應該重新調查一下綠藻問題嗎？

啊？

鎮公所

伊利永鎮公所

沒有，但請等一下，兩位先生……你們的態度非常不得體，對家屬也不尊重……

米迦勒・寇松
伊利永鎮長

一位女性失去了她的丈夫，孩子們失去了父親……我們應該抱著設身處地、寧靜肅穆的心情，而不是故意攪動一池春水……

無論如何，桂松河口都很危險……2011 年時，36 頭野豬在這片區域因為綠藻而喪命……

這就是你們記者又把事情過度簡化，真的不要誇大渲染……沒有任何證據可以證明……

不行、不行，接下來你們講個故事，觀光客都嚇得跑光光。這樣真的會傷害我們小鎮的形象……這個美麗的地方還有許多東西值得大家注意，而不是你們說的那些事……

5. 米迦勒・寇松的話節錄自 Morgan Large 主持的訪談內容，2016 年 9 月 15 日於廣播電台 Radio Kreiz Breizh 播出（http://www.
radiobreizh.bzh/fr/episode.php?epid=22120）。

數日後，綠潮止步協會會長安德烈‧歐立佛和其他運動人士在桂松河口舉行記者會，位置就選在那位慢跑者死亡之處。

他們把死亡原因說成體力不支……這種說法很可疑！

2016 年 9 月 19 日
侯隆橋

這位慢跑者是非常好的運動選手……遺體沒有經過任何檢驗就下葬，這是破壞證據……

將近十年以來，我們協會一直警告當局注意綠藻的強烈毒性。如果當初聽了我們的話，這位慢跑者還會失去性命嗎？

誰是下一個受害者？

我們在此宣布，將以蓄意危及他人性命罪，向警局告發布列塔尼區長及阿摩爾……

濱海省省……

??!

?!

??

??

121

小姐？

聽得到我說話嗎？

最後，在 9 月 22 日，亦即事件發生兩週後，檢察官下令取出慢跑者的遺體以進行解剖。

我為那位慢跑者尚－荷內·奧佛黑主持喪禮。

喬瑟夫·卡巴雷
有機酪農、伊利永鎮執事

在我的人生中很少經歷如此悲痛的時刻。

人才剛走，提及綠藻的報導一刊出來，鎮民之間的矛盾便開始浮現。

這根本與海藻無關嘛！！

最好是！

宣布要開棺之後，奧佛黑家的一名友人來拜訪我。

你是正直的人，你是教會的人。你是安德烈·歐立佛的朋友，你原本可以阻止他們開棺的！！

你原本可以阻止歐立佛提出這些勘驗的要求！

你根本變了一個人。

檢察官沒有做該做的工作。

而且前鎮長伊薇特‧朵黑設的告示牌竟然不見了，這也很不尋常……

……寇松也不補上新的……

稍晚我到他家去，想瞭解他為什麼這麼做。

我情緒太激動了，因為開棺對我來說就像是一種褻瀆。

直到今天，整個鎮還是因為這件事而分裂。

我們沒有第一時間就開始尋找真相，人們的思緒也亂成一團。

農民的反應很激烈，因為他們害怕成為眾矢之的，又或者因為有一種罪惡感。可是農民們以為自己行得正做得端，沒有意識到內心的恐懼。

九週之後的 11 月 15 日，解剖報告依然沒有向大眾公開。

德尼·波立葉[6]發起一項請願行動，獲得數千人連署。

阿摩爾濱海省省長已經指示進行勘驗，現在他們知道結果為何，卻不對我們公開……我們想要知道解剖結果。

2016 年 12 月 9 日，解剖後過了兩個月……

好吧，我們公開勘驗結果。

法比安，把東西寄給我……

寄 E-mail 嗎？

對，這樣比較快。

在禮拜五晚上？八點半？正要放週末的時候？

有何不可？

您不覺得星期一一早再好好舉辦記者會比較好嗎？

請所有記者和相關團體都到場。

不用。

週末愉快，法比安。

待會麻煩妳關燈。

6. 本維農鎮（Penvénan）的農民兼畜牧業者，「純淨之水」（Eau Pure）的小組成員。

124

欸，大哥！

我的信箱剛收到解剖報告書了！

？

小酒館 格蘭 咖啡 陳賣

跟上次野豬事件一模一樣：禮拜五晚上十點寄報告來……

因為會害股票跌嗎？……如何？

OK，我看看。

「肺部外觀符合中樞性肺水腫窒息[7]，可能是受到毒物（包含硫化氫）影響而突然發作。」

嗯哼！

「泥沙的檢驗結果顯示，逸出之氣體濃度在泥漿受到攪動時可快速上升至 1,000ppm[8]。」

不可思議，他們竟然承認了！

「由此可知，桂松河淤泥的毒性會對公眾健康構成實質危險。」

現在才講！

等等！

「然而，由於無法進行可靠的毒物學分析，死亡原因無法得到明確的肯定。」

哈哈哈，真是沒救！！

遺體腐爛自然就會產生硫化氫，等得越久，檢驗就越不可靠，至明之理……

Yes！
20 年來都靠這招。

你看，我也收到了……

7. 譯注：原對話只有寫到中樞性的原因，但網路上可查到更完整的文字，提及「水腫窒息」（asphyxie oedémateuse），這樣反而比較好表達，所以稍微修改了文字。（原文對話：l'aspect des poumons du joggeur «était compatible avec une asphyxie oedémateuse orientant vers une cause d'origine centrale qui peut survenir tant sous l'effet de toxiques, dont l'H₂S...）

8. 數分鐘就會致死。

幾天過後，九位醫師[9]公開表示他們認為慢跑者的死因是「硫化氫導致的急性中毒」。然而毫無作用……

繼續懷疑，就是堅持錯誤。

2017 年 4 月 3 日星期一，聖布里厄的檢察官對伊利永慢跑者死亡案件的初步調查下了不起訴處分，認為調查結果無法建立綠藻與死亡的因果關係……

這起死亡事件仍然是一樁懸案……

不意外啦……

真的，不意外。

太可恥了！

我們要到警局告發！！

呼

9. 其中包括皮耶‧菲利普（拉尼翁市的急診部醫師）和第 42 頁中出現的克勞德‧雷斯奈。

這幾年來，布列塔尼海岸出現綠潮的時間越來越長，有時甚至一路持續到 11 月……

拉佛黑－福埃農
2018 年 10 月

福埃農的科斯角海灘
2018 年 11 月

如果皮耶・菲利普不是拉尼翁醫院的急診部醫師，我們還會得知綠潮奪走了人命嗎？

也許不會。

我不知道綠潮曾奪走多少條人命。

想必比我因緣際會在醫院裡碰到的案例還要多。

在布列塔尼沿岸，每年都會有幾位從事徒步漁作的漁夫死亡。

對於這些死亡事件，大家都說是溺水，說他們被海流沖走。

但人們並未試圖瞭解這些人在被沖走之前是否曾發生其他致死原因，例如硫化氫中毒。

這是一個值得思考的問題。

數十年來，打迷糊仗的做法讓綠藻風波始終無法平息。如果對所有在布列塔尼海岸死亡或昏厥的人都進行抽血，就能得知原因是否出自硫化氫。只要這樣簡單的規定，迷霧就會漸漸散去……

你看！

是濱螺耶！

伊涅絲・雷侯
皮耶・范賀夫
2019 年 2 月

終章
Épilogue

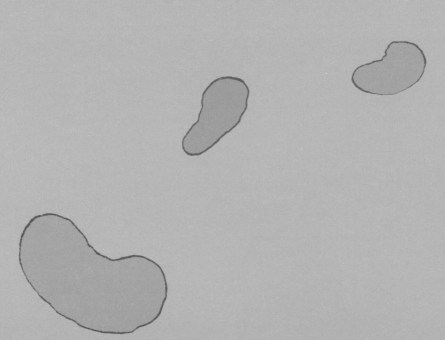

亞藍・巴特博士，1989~2013 年在雷恩中毒防治中心擔任毒物監督組組長，2000~2012 年以專家身分協助衛生署（後來的國家食品、環境及勞動衛生署）。

您還記得 1999 年時看過這封皮耶・菲利普寫的信嗎？

2016 年 8 月 23 日

「他突然陷入昏迷，伴隨嚴重抽搐。」

我好像有點印象，是……

他把這封信寄到聖布里厄的省衛生處，他們再轉給你。

嗯，這很有可能。

那您還記得這封信嗎？

是，我有點印象……

我看到了，我回覆他說「我還真是先知耶」，說他應該建立一套方法來測量沙灘上綠藻腐爛的狀況。

所以當時我們就建議他要到現場做實驗，看看釋放出來的是什麼。

我們的角色就是提供意見和建議。我們也這麼做了，我們的任務就到此為止。

所以您有通知省衛生處？

有，但是他們沒有展開調查……我想他們也不能作主吧。

我只找到一些資訊顯示 2005 年曾對海灘做過檢測，也就是五年以後了。

是呀，你看。

這是一個很重要的警訊，但是它在官僚機器的運作下消失得無影無蹤……請問您內心真正的想法是什麼呢？

這個嘛……討論科學時不能摻雜情緒。我認為這個信號值得深入探索，就這樣。事情並沒有那麼複雜：只需要把海藻堆的表層搗開，測量散出來的東西就好了。

您沒有再催一下省衛生處，看他們做了沒有嗎？

就算早點知道，又能改變什麼呢？

那匹馬就不會死了嗎？

我不知道。

世界上沒有零風險的事。

不能每個人死我們都要服喪戴孝。

2016 年 6 月 10 日，我們在廣播電台 France Inter 的節目「知的秘密」（Secrets d'info）中播放亞蘭·梅涅茲關的親身見證[1]。那段調查節目的標題是「綠藻：否認到底」（Algues vertes: le grand déni）。

怎麼樣，你覺得如何呢？

我以為這件事已經過去夠久，可以拿出來講了⋯⋯結果不是。

亞蘭·梅涅茲關

國家科學研究院發公函給海洋開發研究院的執行長。他們很害怕農業界的反應⋯⋯

他們罵我嚴重影響我們合作進行的優養化[2]調查工作，並且要我別再對媒體發表意見。

而且我在等海洋開發研究院發表我關於綠潮的一本書。

不能讓這件事延誤了書的出版。所以麻煩暫時別提到我了。

梅涅茲關的書《綠潮，四十個必懂關鍵字》終於在 18 個月過後問世（2018 年 1 月）。

亞蘭·梅涅茲關

綠潮 ? 40 個必懂關鍵字

前言中有著以下字句：「除科學觀點外，本書中的某些意見為作者個人所有，與法國海洋開發研究院無關。」

1. 主要是第 71 頁談到的幾個事件。
2. 優養化是指硝酸鹽和磷酸鹽濃度上升引發的水文環境失衡。綠潮就是一種優養化現象。

菲利普・德・傑斯塔・德・雷佩湖，在莫爾法斯案、騎士與野豬事件時擔任阿摩爾濱海省副省長。

2014 年起，他成為農產食品加工合作社 Euralis 的公關與人資部長。這間公司專門生產鵝肝。

順帶一提，鵝肝產業有自己的議會俱樂部「鵝肝萬歲」（Vive le foie gras）。

這個俱樂部是在 2005 年由議會遊說後援會 Com'Public 成立的──他們也支持「豬豬之友」俱樂部。

後援會宗旨在網站上寫得很清楚：

「您需要修改法律嗎？ Com'Public 會陪著您，直到獲得能保障您的規範。」

後來，我們在 2016 年 6 月上 France Inter 披露調查報告前幾章的內容，2017 年 9 月又刊載於《視覺時評》之後，我們收到這樣的反應……

你們可以去申請假新聞界的愛麗絲・盧賽獎。[3] 我忠心祝賀兩位前途無量。

GES 的克里斯提昂・布松

最後，在 2018 年 6 月 14 日，亦即事發 9 年後，綠藻清潔工莫爾法斯的死獲聖布里厄社會安全法庭認定為職災。

重罪法院分院

支持殺蟲劑受害者
西社

把真相還給
提耶西！

3. 譯注：愛麗絲・盧賽（Élise Lucet，1963~），法國電視記者及主持人，因製作過許多調查報導而聞名。2017 年她和新聞團隊因調查巴拿馬文件獲得普立茲獎。

134

綠藻惡夢

布列塔尼半島毒藻事件，引爆一連串人類與環境互動的惡劣真相，揭開法國政治、司法與商業農工間不可言說的黑暗歷史

附錄、重要時點與相關檔案

Annexes, repères, et documents

以下依時序重新整理重要事件、政府決策與法院裁決

（感謝國家科學研究院環境法研究召集人納塔莉・艾維－富納侯協助整理）

1960-1962
農業輔導法規：開始推動機械化、施用化學藥劑及離地飼養。

1969
布列塔尼水資源與河川協會成立。他們警告當局注意水中硝酸鹽濃度的上升，並贊同其源頭來自集約式農業。

1971
聖米歇爾恩格列夫鎮代會在拉尼翁海灣舉行的一次討論會中，第一次正式提及「綠潮」一語。

我感覺非常有必要在農村地區做調查

2018 年 10 月 19 日於福埃農 ©Agnès Poirier

1975
歐洲指令規定飲用水的取水來源不可含有超過 50 毫克／公升的硝酸鹽，且會員國應設法達到 25 毫克／公升的值。

1977
海洋漁撈科學與技術研究院（ISTPM，1984 年轉爲法國海洋開發研究院）的喬艾爾·寇普認爲海岸地帶的汙染源於集約式農業。

1980
當時省衛生與社會事務管理處（DDASS）回覆一位阿摩爾濱海省的醫師：「本省大部分的井水與泉水都遭受汙染了〔略〕。很遺憾的，眼下農業的發展與強烈需求凌駕於公共衛生之上，幾乎不可能與之抗衡……」

「我還是少女的時候，我母親曾出現一些奇怪的症狀：極度疲倦、咬字和記憶力都出狀況。好幾年過後，我們發現她的健康問題來自補牙填充物中的汞。這件事讓我想要成為記者，去調查環境汙染造成的疾病。2008 年，當時這些議題幾乎沒有人研究過，我就開始為法國廣播電臺（後簡稱「法廣」）做一些報導。在一個又一個線索的引領下，我找到一群暴露在殺蟲劑環境的農人。我遭遇業界的沉默。我很想瞭解，這件事為我開啟了新的調查田野。

有一天我去布列塔尼參加某個會議，一個穿著灰色大衣的男子在出口處等我，給了我一個資料夾，裡面是關於綠藻致死事件的剪報和其他文件，整理得一清二楚，很有調查的價值。因為這份資料，我決定要在布列塔尼中部住下來。當時我以為會在柯亞－馬埃爾（Coat-Maël）這個小村子待上幾個月，最後住了三年。這段經歷讓我工作的方式以及和證人之間的關係徹底改變。我認識了布列塔尼的咖啡館，要尋找從未跟任何工會或協會有過往來的人，來這裡就對了。在咖啡館裡，你傾聽、撿拾掉落的句子和名字，循線追索，發現從未吐露的話語、從未被仔細翻閱的檔案。

因為法廣文化台（France Culture）的節目《土地行腳》（Les Pieds sur terre）固定播出我的報導（共22集，名為「布列塔尼日誌」，這裡的居民瞭解我的工作和我做事的方法。看到我住在當地，人們的不信任因而消散，我才得以接觸到住在巴黎絕不可能有機會認識的證人。越來越多人想要接受訪問，我有點像鄉下醫生，診間塞滿了人。我感覺非常有必要在農村地區做調查。慢慢的，開口說話的人有了幾十個，或許幾百個。我們建立了一個網絡，像一個非常有效率的機器，可以把最新資訊傳播出去。綠藻的故事能寫出來，這些公民幫了很大的忙，他們在某個時刻決定站出來要求一個說法，而認識皮耶·菲利普也是很重要的因素。他先起了個頭，而我接著做下去。當我深入挖掘那些可疑的死亡案件，便無法自拔地被這個題目帶著走，我體會到紀錄綠藻的故事，就是訴說布列塔尼農業的故事。」

伊涅絲·雷侯

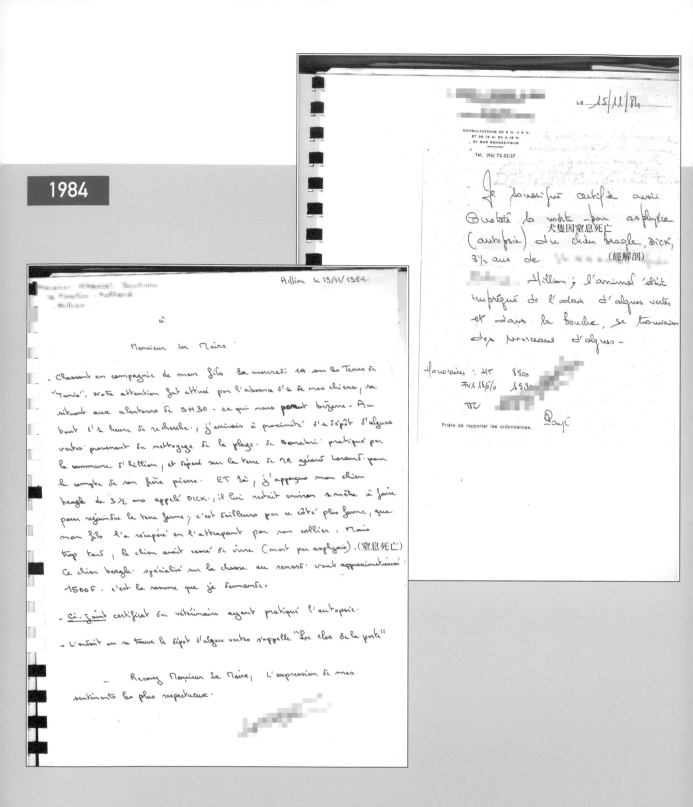

左圖爲一位住在伊利永的獵人1984年時寄給鎮公所的信，信中指出他的獵犬被發現在一堆綠藻中窒息而死。右圖則是獸醫的證明書，確認獵犬係因窒息而死，且口中有海藻及臭味。

1985
歐洲聯盟指令公布後十年，布列塔尼河川中的硝酸鹽含量沒有減少，而是持續增加，平均濃度超過 50 毫克／公升。

1988
法國海洋開發研究院的科學家確定綠潮的主要成因：集約式農業形成的硝酸鹽。

1989
當年 26 歲的慢跑者賈克・戴漢（Jacques Thérin）被人發現身亡。日報《西法蘭西報》以「兇手可能是綠藻」爲新聞標題報導。

1989

Mort d'un jogger sur une plage des Côtes-du-Nord
Les algues vertes ont peut-être tué

一名慢跑者死於北濱海省海灘，兇手可能是綠藻

L'autopsie pratiquée aujourd'hui devrait déterminer les causes exactes de la mort de Jacques Thérin, cet homme de 26 ans qui avait disparu dimanche matin en faisant un footing sur la plage de Saint-Michel-en-Grève (Côtes-du-Nord). Son corps a été retrouvé mercredi soir, englué dans des algues en décomposition, à quelques mètres seulement de la route côtière.

LANNION. — Jacques Thérin, 26 ans, est-il mort prisonnier d'un matelas d'algues vertes ? A-t-il été victime d'un malaise ? A-t-il succombé aux émanations d'hydrogène sulfuré de l'ulve en décomposition ?

En week-end dans sa famille à Ploumilliau (Côtes-du-Nord), cet employé à l'Office d'HLM de Brest était parti faire un footing, dimanche matin, sur la longue plage de Saint Michel-en-Grève. Ne le voyant pas revenir, sa famille avait donné l'alerte en début d'après-midi. De gros moyens avaient été déployés par la gendarmerie de Plestin les-Grèves pour tenter de retrouver le jeune homme. Les enquêteurs pensaient qu'il avait pu être victime d'une noyade.

Le corps de Jacques Thérin a été retrouvé enlisé dans les algues vertes, vers 23 h mercredi, à quelques mètres seulement de la route côtière. Dans cette baie, la mer se retire très loin. Au retour de son footing, le jeune homme a peut-être voulu prendre un raccourci là où se jette la rivière « Le Yar ». C'est l'endroit où la couche d'algues vertes est la plus épaisse. Elle atteint une profondeur de cinquante à quatre-vingts centimètres sur une superficie de quelques centaines de mètres carrés.

En courant de la mer vers la route, Jacques Thérin s'est emprisonné dans le magma gluant et collant des algues en décomposition. De là, impossible de s'en sortir. Les pompiers ont dû recourir à un tracto-pelle pour dégager le corps.

Christian DONAL.

Une « laitue » envahissante

海洋「萵苣」大軍侵襲

Il a suffi d'un hiver doux suivi d'un printemps exceptionnellement chaud pour que les algues vertes prolifèrent encore plus qu'à leur habitude sur le littoral breton. Chaque année, cette ulve, encore appelée « la laitue de mer », répand son odeur nauséabonde sur un nombre grandissant de communes des Côtes-du-Nord et du Finistère.

Outre le soleil, la composition de l'eau joue un rôle décisif dans cette prolifération. Principaux accusés : les nitrates et les phosphates d'origines domestique et agricole. Des études sont en cours pour organiser la prévention de ces « marées vertes ». En attendant, les communes et les départements n'ont d'autre solution que de les ramasser à l'aide de gros engins.

Outre le manque à gagner touristique, la note est salée pour les collectivités locales. Cette année, le coût du ramassage s'élèvera à 1,2 million de francs pour le seul département des Côtes-du-Nord. Après le drame de Saint-Michel-en-Grève, plusieurs municipalités ont décidé hier de signaler le danger des algues par des panneaux. L'accès à certains secteurs des plages pourrait même être interdit prochainement.

45 000 m³ d'algues vertes ont été ramassés l'an dernier sur les plages de 125 communes du littoral breton.

© Jacques Donal ／西法蘭西報

報導全文中譯見 https://bit.ly/3KFPV7W

1989 年 7 月 30 日，《西法蘭西報》就慢跑者賈克・戴漢死亡一事探究是否應歸咎綠藻。

1991
針對防止水資源遭農業形成的硝酸鹽汙染，歐洲理事會發布一項新指令。

1992
環境部長布理思·拉隆德首次使用「農業汙染者」（agriculteurs-pollueurs）一詞。農業界大表不滿，各地民選代表抗議聲不斷。

1993
由於布列塔尼水資源與河川協會提出申訴，歐洲執行委員會正式發函要求法國遵守其指令。

1991

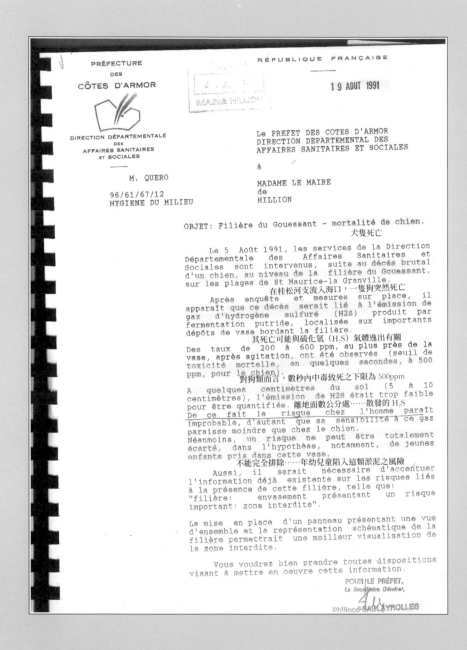

1991 年夏天，省衛生處及阿摩爾濱海省政府致伊利永鎮公所函。發生犬隻猝死案件後，鎮公所被要求設置告示牌，禁止民眾進入會散發硫化氫的區域。

1996
環境與健康技術與科學研究所（ISTES）誕生。農產食品加工業者創辦此一機構，以說服外界硝酸鹽是無害的。

1998
六千名民眾為抗議綠潮於阿摩爾濱海省比尼克鎮為聚集示威。

1999
綠藻清潔工莫理斯‧布利佛在聖米歇爾恩格列夫海灘陷入昏迷，幸而得救。急診部醫師皮耶‧菲利普警示省衛生處注意綠藻形成的公眾健康問題。

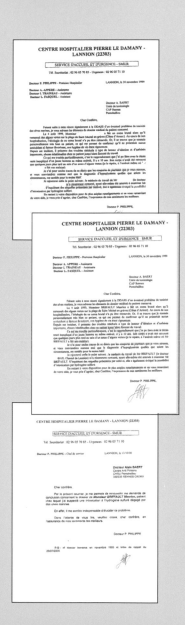

CENTRE HOSPITALIER PIERRE LE DAMANY - LANNION (22303)

SERVICE D'ACCUEIL ET D'URGENCE - SMUR

Tél. Secrétariat : 02 96 05 70 85 - Urgences : 02 96 05 71 10

Docteur P. PHILIPPE - Chef de service　　　　　LANNION, le 23 septembre 1999

Docteur A. APPERE - Attachée
Docteur I. TRAINEAU - Attachée
Docteur L. FASQUEL - Attaché

Docteur QUITTANCON
Médecin inspecteur
DDASS
Rue du parc
BP 2152

22021 SAINT BRIEUC Cédex 1

Madame,

謹以此信向您說明，我認為目前出現一個攸關公眾健康的問題。

Par le présent courrier, je viens vous informer d'un problème qui, à mon sens, relève de la santé publique.

Le 5 juillet dernier, notre équipe de SMUR a été amenée à intervenir sur la plage de Saint Michel en Grèves pour un homme travaillant pour une entreprise de ramassage des algues vertes, celui-ci ayant présenté un coma brutal sur son lieu de travail associé à un état de mal convulsif. Après prise en charge initiale, le patient a du être hospitalisé en réanimation à Saint Brieuc, où il semble qu'aucun diagnostic précis ne soit porté à ce jour.

Or, je me souviens qu'il y a 7 ou 8 ans de cela, un jeune jogger était mort au même endroit, sans qu'une cause soit retrouvée à celle-ci (son corps n'avait été retrouvé que plusieurs jours plus tard, dans un amas d'algues vertes).

Dans les deux cas, il s'agissait de patients ne présentant aucun antécédent. Aussi, il nous est permis de nous interroger sur l'éventuelle toxicité des gaz émis par les amas d'algues vertes. En effet, celles-ci proliférant de plus en plus, il serait intéressant , à mon sens, de déterminer l'éventuelle toxicité de ces ulves marines, ceci pouvant représenter à terme un problème de santé publique.

En restant à votre disposition pour des renseignements complémentaires, et dans l'attente de vous lire,

Veuillez croire, Madame, à l'expression de mes sentiments les meilleurs.

Docteur P. PHILIPPE,

我們感到有必要瞭解綠藻堆散發之氣體之可能毒性為何。事實上，有鑑於綠藻繁殖得越來越多，在我看來，有必要確認這種海藻可能之毒性，因為未來它可能會形成公共健康問題。

急診部醫師皮耶‧菲利普在 1999~2000 年間針對綠藻危害發出的警示。

2000

歐洲理事會的框架指令要求地面水體和地下水體應在 2015 年達到良好狀態，然而亦允許期限延後至 2027 年。該指令重申各成員國有義務遵守歐洲對水資源保護的各項立法。

2001

伊利永的海岸居民成立「綠潮止步」協會

歐洲共同體法院（CJCE）判法國敗訴，因為法國政府未遵守 1975 年之指令，尤其是布列塔尼部分流域水中硝酸鹽濃度未符標準（50 毫克 / 公升）。

2004

由於法國未能履行 1991 年指令要求之義務，被歐洲共同體法院判決敗訴。法院指責法國政府未將杜瓦訥內、貢卡諾、維倫等海灣以及莫爾比昂灣、洛里昂港外錨地、艾洛恩河出海口列為環境敏感區。

1999

被摀住嘴的科學家

1999年在普魯法哈岡（Ploufragan）的一場科學研討會上，國家農業研究院（INRA）、農業機械與農村水利林業工程研究中心（Centre d'étude du machinisme agricole et du génie rural des eaux et forêts，CEMAGREF）及法國海洋開發研究院等大型公立研究機構口徑一致，公開承認綠潮的肇因是集約式農業。

但接下來的發展十分荒謬，更凸顯這不過是半調子的承認。米歇爾·梅瑟宏為海洋開發研究院科學家，也是此次研討會主辦人。2018年2月20日，梅瑟宏在菲尼斯泰爾的自宅接受訪談時，對我說出這番話：「我負責這次研討會報告集結成書的出版事宜。我將書名訂為《農業汙染：從流域到海岸》（*Pollutions agricoles : du bassin au littoral*）。我前往預定提供本書印製經費的區議會。接待我的是一位年輕女性，她拿著書稿去見上司，回來後告訴我：『很抱歉，但這樣不行。如果使用這樣的書名，恕我們無法提供經費。』簡單來說，就是我得刪掉和農業有關的字眼。所以書名就變成了《擴散的汙染：從流域到海岸》（*Pollutions diffuses : du bassin au littoral*），不過書中其實只談農業汙染。」

伊涅絲·雷侯

歐洲執委會因法國未遵守 2001 年的判決再次發出警告,並要求支付超過 2,800 萬歐元的定額罰金。

除了關閉 4 個在布列塔尼的飲用水取水點,法國政府在 3 月通過一項降低其他取水點硝酸鹽濃度的行動計畫。

雷恩行政法院判處法國政府應支付賠償金給數家環保團體,因為出現在聖布里厄與杜瓦訥內海灣的綠藻令他們遭受損失。法官同意法國政府在執行國家法律及歐盟法律上有失職之處。生態部長決定上訴。

2007

2004 至 2006 年間針對因吸入而暴露於綠藻腐爛產生之氣體之研究中所獲得之資訊彙整

－阿摩爾濱海省－

此一現象導致當地所有前灘均出現大量擱淺綠藻。
腐爛的綠藻造成視覺與嗅覺的不適。

在某些情形下曾局部測得高濃度的氣體,在處理嚴重腐爛的舊海藻堆(超過五日)時可能會超過恕限值(Valeur limite d'Exposition),接近急毒性的下限。此種狀況可見於溪流出海口,因為該處土壤過於鬆軟,無法將綠藻移除,加上接觸淡水會讓沖上岸的綠藻加速腐化。

這些觀察足以導出以下結論,亦即必須對外傳播這些資訊與衛生安全守則,提醒一般大眾與會接觸腐爛綠藻的工人,應減少暴露於硫化氫的機會。
為減少暴露於硫化氫,相關安全守則可包含提高清除綠藻的頻率與規模(對一般民眾與專業人員皆是)以及加強專業人員接觸綠藻時的防護措施。

阿摩爾濱海省省衛生處於 2007 年 5 月針對 2004~2006 年進行之研究做成的報告,文中指出已經達到急毒性的門檻。報告的結論認為有必要減少民眾暴露於硫化氫的機會,尤其要限制工人接觸腐爛中的綠藻。

Monsieur,

Suite à Votre appel téléphonique, je Vous fais donc part de ce qui nous est arrivé en juin 2007 à ST Maurice : ce jour là, je me promenais avec ma fille et mon petit fils ainsi que nos 2 terre-neuves, quand nous sommes arrivés sur la plage, nous avons été surpris par la quantité d'algues vertes, c'est pourquoi nous sommes restés sur le sable près du parking les chiens s'amusaient avec une mouette qui venait les survoler, puis elle est partie au ras du sol, les chiens se sont mis à courir on a essayé de les rappeler, rien à faire, puis la mouette a pris la direction des algues (les algues avaient la même couleur que le sable) c'est là que je me suis vite aperçu qu'il y avait un problème, car j'ai vu le jeune chien tomber et le plus vieux sauter dans tout les sens et essayer de tirer l'autre en le mordant et en aboyant ce qui n'était pas son habitude, je me suis mise à courrir puis j'ai ...

les 10 derniers mètres qui nous séparaient, au début à pied puis à plat ventre, car on se trouvait mon chien j'avais des algues jusqu'en haut des cuisses et ils tombaient des cordes d'eau, impossible d'avancer autrement, mon chien était la tête au dessus des algues le corps sur le côté il était mort j'ai essayé de le remuer, sa langue est devenue vite gris bleu je n'ai rien pu faire, au début nous avons cru a une crise cardiaque, Moi j'ai toujours trouvé cela bizarre, car il avait 6 mois, il jouait et courait dans un grand terrain tous les jours avec l'autre chien, il avait donc la forme.

Je me tiens à Votre disposition pour toute information supplémentaire, et Vous prie d'agréer, Monsieur, mes sincères salutations

海鷗朝著藻類得方向飛去（那些藻類的顏色與沙子相同），我很快便發現出問題了，因為我看到比較年幼的小狗摔倒了。

我的狗狗頭在綠藻堆外，身體側躺，牠死了，我試著搖搖牠，牠的舌頭很快就變成藍灰色，我什麼也做不了。一開始我們以為牠是心臟病發……

這封信詳述 2007 年夏天的一起事件：在聖莫理思海灘上，一隻 6 個月大的狗踩進綠藻堆後喪命。

2008

濃度－症狀學報告 H$_2$S

開始有毒性 2ppm	中度氣喘病患會氣喘發作（30分鐘）
中等毒性	一結膜炎或角膜結膜炎 一呼吸道發炎，進一步造成損傷（鼻炎、支氣管炎、氣喘） 一嗅覺減退，進一步造成嗅覺喪失
急毒性 ~500ppm	（1）呼吸道受損（鼻炎、咳嗽）至肺泡受損（後來才突然出現肺水腫） （2）阻礙細胞氧氣交換，導致 一腦部不適（頭暈、頭痛、失去意識） 一心臟不適（心肌梗塞風險）
高度急毒性 ~1,000ppm 及以上	影響延髓呼吸中樞→呼吸中止→急性缺氧→失去意識→如未立刻救治會在短時間內死亡

克勞德・雷奈醫師，CNRS   工作文件   未定稿   未定稿   工作文件

2008 年國家科學研究院（CNRS）的克勞德・雷奈醫師製作的文件。此一表格清楚呈現綠藻腐爛時釋放的硫化氫氣體的危險性，輕則引發氣喘發作，重則因高度急毒性有致死風險。數值單位爲 ppm，即百萬分之一。

2008 年 10 月 4 日，《電訊報》
「突然間，我就什麼也看不見」

「早期受害者的陳述證實綠藻的危險性。」

「這位病患好幾個月無法工作。
他總共花了一年時間才從意外中復元。」

「我第一天上工那天傍晚回到家，看到廚房裡有煙。
我問我太太是不是烤箱裡在烤什麼東西？她以爲我在開玩笑。」

「他們跟我說：『先生，做焊接的時候一定要戴上面罩。』
我告訴他們，我的工作是清除海藻。」

2008 年 10 月 4 日刊於《電訊報》的報導節錄，作者爲 Julien Vaillant。這篇文章回顧了海藻清潔工莫理斯・布利佛和傑哈・傑古的意外事件。

2009
載運海藻到比尼克鎮的司機提
耶西・莫爾法斯死亡。

聖米歇爾恩格列夫有一匹馬死
亡。

第一期海藻計畫公布，將於
2010 年生效。

南特上訴法院宣告法國政府應
爲海藻大量增生負責，並譴責政
府「幾近系統性的」讓飼養場合法
化，稽查之實施與對海藻影響之
研究「明顯不足」，以及「各省政
府的一般性作爲效用不彰」。

2009

莫爾法斯案的駭人過錯

2009年7月發生提耶西・莫爾法斯死亡案件時，如同所有的道路交通事故，抽取了兩管血液：一管用來測血液中的酒精濃度（結果為零），另一管——寄存於聖布里厄醫院——則保留作為再鑑定之用。

進行司法調查時，最後於第二管血驗出含有1.4毫克／公升的硫化氫，已達致死濃度，而硫化氫就是綠藻腐爛時散發的氣體。但高濃度的硫化氫也可能是有機體被細菌分解的結果。

據聖布里厄檢察官傑哈・佐格的說法，這管血可能被保存於室溫，而非低溫環境中。換言之，硫化氫的濃度之所以高得驚人，可能是因為血液已經變質，而不是因為綠藻。

當時好幾位人士站出來痛批，例如區議員提耶西・布爾洛向媒體表示：「到目前為止，大家都以血液檢體為準，檢體也清楚證明其中含有硫化氫。這一切能告訴我們的，就是硫化氫的存在與綠藻毫無關聯，但可能與血袋保存不當有關；在我聽來，這真是極度駭人聽聞。」

在聖布里厄醫院，負責存放採血管的藥師在電話訪問中明確表示，她將血液放在室溫環境下的櫃子裡，並告訴我採血管的保存「向來如此」。但是對第二管血做檢驗分析的「毒理化學實驗室」（laboratoire Chemtox）的主任認為醫院不太可能會這樣做事：「採血管必須儲藏於攝氏-4°~-20°C之間，未來的檢驗才有可信度。」

伊涅絲・雷侯

147

「布列塔尼農民們」，極為低調的遊說團體

2009年，聖米歇爾恩格列夫海灘發生騎士與馬匹意外事件後，農產食品加工業者靜悄悄的成立了一個先後稱為「布列塔尼海角」（Cap Bretagne）、「阿多尼斯」（Adonis）與「布列塔尼農民們」（Agriculteurs de Bretagne）的遊說團體，目的是改變集約式農業的形象。

當綠藻計畫正想方設法要減少綠潮，這個遊說團體卻打算「長期作戰」，因為「改變形象需要時間與毅力」，而事實上，十年過後，這個團體運作得越來越好了。

以下將根據「布列塔尼農民們」在2015年編寫的30頁文件介紹他們的策略。

這個協會「於2009年9月倉促成立，以因應第一波綠藻危機」，而主要創立者為各地農會以及農產業者公會大區聯合會（FRSEA，即全聯會的大區分會）。

2011年，農產食品加工企業的老闆輪番上陣，動機只有一個：「恢復2008年阿摩爾濱海省伊利永鎮海灘爆發綠藻危機以來因媒體報導而受創的布列塔尼農業形象。」這群人包括農會主席兼全聯會會員賈克・如昂（Jacques Jouen）、Even集團總裁基・勒巴爾斯（Guy le Bars）、蔬果合作社SICA Saint-Pol de Léon社長皮耶－比昂・普代克（Pierre-Bihan Poudec）、布列塔尼肉品製造商聯盟（UGPVB——強大的肉品業遊說團體）主席米歇爾・布洛赫，以及牛肉產銷跨行業協會「Interbovi Bretagne」董事米歇爾・加盧（Michel Gallou）。

他們每月聚會一次，很快地Triskalia企業、Tilly-Sabco肉品集團和Produit en Bretagne當時的老闆都加入了。本身擔任農會主席的丹妮葉・艾文（Danielle Even）則成為該團體的主席。

「布列塔尼農民們」的成立目的是「在事件平息時發聲」、「風波過後表達意見」、「呈現在水質及綠藻問題上的積極進步與良好掌控」、「說服並吸引布列塔尼人：農業為布列塔尼帶來所有人都能享受的好處」，並重申「布列塔尼經濟體每年創造280億歐元營業額並雇用17萬名員工」。

遊說團體的支柱來自「一個親善大使網絡」，作用是「讓媒體聚焦」，而其中一位便是艾瑞克・歐森納（Erik Orsenna），他是作家、法蘭西文學院院士，也是尚－伊夫・勒德理翁2010年參加大區選舉時的支持者。此外還有男性與女性農民（她們希望能讓女性獲得超額代表），他們出現在公關宣傳品上。「布列塔尼農民們」這個名稱在2014年定案，大功終於告成。

不過在這份文件中，「布列塔尼農民們」卻承認很難動員農民：「布列塔尼的農民們應該更深入參與協會的工作，」應該「加快個人會員的入會」，「採取行動來鼓勵與訓練農民，使他們能夠在大眾與記者面前發言。」「做好自己的工作還不夠，還要讓人瞭解：要熱情、有活力、有魅力、現代化又充滿吸引力！」聽起來就好像在每月工作70小時勉強掙到最低工資之餘，農民還得幫工業家做公關。

「布列塔尼農民們」初期的行動之一就是出錢做民意調查，而問卷題目設計得相當複雜而不易理解，諸如「您是否認為環境問題是傷害布列塔尼農業形象的最大因素？」或「農業是否為布列塔尼形象不可或缺的一項要素？」，將所有農業工作者混為一談……

遊說團體握有能「證明」「82%布列塔尼人對布列塔尼農業有很好的印象」的調查結果之後，在2012年會見「布列塔尼重要媒體高層，包含西法蘭西報、法國電視3、《電訊報》、法廣廣播France Bleu，讓他們瞭解就是媒體在汙名化農民以及大區經濟與工作機會的最大貢獻者——布列塔尼農業」，並哀嘆「記者們有時表達的是個人意見，犧牲了客觀性」，綠藻危機就證明了這種現象。

說服並吸引布列塔尼人

從這些會晤中，我們瞭解到會晤「有所收穫，（且遊說團體）和布列塔尼日報業者之間形成的夥伴思維確實可有效將協會的訊息傳遞出去」，尤其是把「熱愛這份工作的男男女女的美好故事說出來」。

年復一年，遊說團體製作帶有logo的徽章和貼紙作為「認同的象徵」，出席每一場農業展，和足球隊「甘貢前進會」（En avant Guingamp）合辦園遊會，與帆船賽「蘭姆之路」（Route du Rhum）結盟，甚至進入校園，因為彭摩希－裘地（Pommerit-Jaudy，隸屬22省）的高級農業職業學校校長馬克·尚維耶（Marc Janvier）和尚·歐立佛（Jean Ollivro），即雷恩高等政治學院（Science-Po Rennes）、雷恩第二大學（Rennes 2）的教授，這兩位都是這個團體的支持者！2016年，「布列塔尼農民們」來到彭摩希的農校，告訴學生布列塔尼的農產食品加工業模式「餵養全世界、維護自然環境、保護自然資源、發揚傳統、幫助保存生物多樣性與水質」，這一切……布列塔尼媒體都為他們報導出去了。

伊涅絲·雷侯

Lannion, le 18 septembre 2009

CENTRE HOSPITALIER PIERRE LE DAMANY
LANNION - TRESTEL(22303)

SERVICE D'ACCUEIL ET D'URGENCE - SMUR

Tél. Secrétariat : 02 96 05 70 85 - Urgences : 02 96 05 71 10

Docteur R. LEMEE - Chef de service   Lannion, le 18 septembre 2009
Docteur P.PHILIPPE - Praticien Hospitalier
Docteur A. APPERE - Praticien Hospitalier
Docteur G.LE BOUFFANT - Praticien Hospitalier Contractuel
Docteur C. GELEE – Praticien Hospitalier
Docteur B. FONTENELLE – Praticien Hospitalier
Docteur E. CLAUDEPIERRE – Praticien Hospitalier
Docteur R. THIEFAIN – Praticien Hospitalier Contractuel
Docteur J.L. HYPOLITE – Praticien Hospitalier
RL/DC

Monsieur le Procureur de la
république
Avenue des Promenades
22000 SAINT BRIEUC

Monsieur le Procureur,

Je me permets par le présent courrier, de vous demander de me transmettre à tire de publication scientifique, le rapport d'autopsie de Monsieur Jacques THERIN né le 27/10/1960, dont le corps a été retrouvé à Saint-Michel en Grèves le 28/06/1989.

Etant de garde aux urgences ce jour, j'avais demandé une autopsie, et le corps de ce patient avait été dirigé sur Saint-Brieuc, à cette fin par l'ambulance Crom, le 29/06/1989 à 17 h 30.

En vous remerciant par avance, veuillez agréer Monsieur le Procureur de la République, l'expression de mes salutations distinguées.

Docteur Pierre PHILIPPE.

PS : j'ai déjà fait cette même demande auprès du TGI de Guingamp le 03/09/2009 mais ce dernier n'a pu me donner les éléments demandés. Ceci m'étonne car ce dossier doit bien être archivé quelque part…

Lannion, le 12 octobre 2009

CENTRE HOSPITALIER PIERRE LE DAMANY
LANNION - TRESTEL(22303)

SERVICE D'ACCUEIL ET D'URGENCE - SMUR

Tél. Secrétariat : 02 96 05 70 85 - Urgences : 02 96 05 71 10

Docteur R. LEMEE - Chef de service   Lannion, le 12 octobre 2009
Docteur P.PHILIPPE - Praticien Hospitalier
Docteur A. APPERE - Praticien Hospitalier
Docteur G.LE BOUFFANT - Praticien Hospitalier Contractuel
Docteur C. GELEE – Praticien Hospitalier
Docteur B. FONTENELLE – Praticien Hospitalier
Docteur E. CLAUDEPIERRE – Praticien Hospitalier
Docteur R. THIEFAIN – Praticien Hospitalier Contractuel
Docteur J.L. HYPOLITE – Praticien Hospitalier
RL/DC

Monsieur le Procureur de la
république
Avenue des Promenades
22000 SAINT BRIEUC

Monsieur le Procureur,

Par un courrier daté du 18 septembre dernier, je me permettais de vous demander de m'adresser le compte-rendu d'autopsie de Monsieur THERIN Jacques.

Or, à ce jour, je n'ai toujours aucune réponse de vos services.

En vous remerciant de me communiquer les informations nécessaires dès que possible, veuillez agréer Monsieur le Procureur de la République, l'expression de mes salutations distinguées.

Docteur Pierre PHILIPPE.

PARQUET
VÉRIFIÉ LE : 20/10/09
- Rien à ce jour au parquet
- Affaire en cours st Brieuc
- Pas de P.V.
- N° à rappeler :

CENTRE HOSPITALIER PIERRE LE DAMANY
LANNION - TRESTEL(22303)

SERVICE D'ACCUEIL ET D'URGENCE - SMUR

Tél. Secrétariat : 02 96 05 70 85 - Urgences : 02 96 05 71 10

Docteur C.GELLE - Chef de service   Le 10/03/2010
Docteur P.PHILIPPE - Praticien Hospitalier
Docteur A. APPERE - Praticien Hospitalier
Docteur R. LEMEE - Praticien Hospitalier
Docteur B. FONTENELLE – Praticien Hospitalier
Docteur E. CLAUDEPIERRE – Praticien Hospitalier
Docteur R. THIEFAIN – Praticien Hospitalier Contractuel
Docteur J.L. HYPOLITE – Praticien Hospitalier

Monsieur le Procureur Général de la
COUR D'APPEL de Rennes
Place du Parlement
35064 RENNES CEDEX

Monsieur le Procureur Général,

Je me permets par le présent courrier de faire appel à vos services.

En effet, j'ai fait à ce jour, trois demandes écrites auprès du Procureur de la République de Saint-Brieuc, qui sont restées sans réponse.

Je tiens à préciser que le Procureur de Saint-Brieuc n'a même pas daigné répondre à mon dernier courrier daté du 17/11/2009.

Aussi, je tiens à vous faire part de mon incompréhension concernant ce que l'on peut qualifier d'entrave à publication scientifique de la part de la justice.

En vous remerciant de m'apporter une réponse à mes questions.

Je vous prie de croire, Monsieur le Procureur Général, à l'expression de mes salutations distinguées.

Docteur Pierre PHILIPPE

PJ : mes trois courriers datés du 18/09 – 12/10 et 17/11/2009

Le 10/03/2010

LANNION, le 10 décembre 2010

CENTRE HOSPITALIER PIERRE LE DAMANY
LANNION - TRESTEL(22303)

SERVICE D'ACCUEIL ET D'URGENCE - SMUR

Tél. Secrétariat : 02 96 05 70 85 - Urgences : 02 96 05 71 10

Docteur C. GELEE DURECHOU   LANNION, le 10 décembre 2010
Chef de service

Docteur P. PHILIPPE - Praticien Hospitalier
Docteur R. LEMEE - Praticien Hospitalier
Docteur G. MENGUY - Praticien Hospitalier
Docteur A. APPERE - Praticien Hospitalier
Docteur D. THIEFAIN - Praticien Hospitalier
Docteur Y. SEROUX - Praticien Hospitalier Contractuel
Docteur E. CLAUDEPIERRE - Praticien Hospitalier Contractuel
Docteur M. BOUTARENE - Praticien Hospitalier Contractuel
Docteur J.L. HYPOLITE - Praticien Hospitalier Contractuel

                    Laboratoire ARMOR PATHOLOGIE
                    4 place Konrad Adenauer
                    22190 PLERIN

    Madame, Monsieur,

        Voilà un an environ que je vous ai fait une demande de compte rendu
d'autopsie pratiquée aux environs du 30 juillet 1989 (Monsieur THERIN Jacques).

        N'ayant obtenu aucune nouvelle, j'ai réitéré ma demande le 22 avril 2010.

        A ce jour, ces deux courriers sont toujours sans réponse. Or celle ci m'est
indispensable à titre purement scientifique.

        Aussi, je vous saurai gré et reconnaissant de me faire parvenir dans des dé[...]
brets le document demandé.

        Avec mes remerciements.

                    Docteur Pierre PHILIPPE

CENTRE HOSPITALIER PIERRE LE DAMANY
LANNION - TRESTEL(22303)

SERVICE D'ACCUEIL ET D'URGENCE - SMUR

Tél. Secrétariat : 02 96 05 70 85 - Urgences : 02 96 05 71 10
Fax : 02 96 05 72 83

Docteur R. LEMEE – Praticien Hospitalier   LANNION, le 17/11/2009
Docteur P.PHILIPPE – Praticien Hospitalier
Docteur A. APPERE – Praticien Hospitalier
Docteur C. GELEE – Praticien Hospitalier
Docteur B. FONTENELLE – Praticien Hospitalier
Docteur E. CLAUDEPIERRE – Praticien Hospitalier Contractuel
Docteur D. THIEFAIN – Praticien Hospitalier Contractuel
Docteur J.L. HYPOLITE – Praticien Hospitalier Contractuel
Docteur G. MENGUY – Praticien Hospitalier Contractuel
Interne :   Mr Gérard ZAUG
                                Procureur de la République
                                Rue des Promenades
                                22000 SAINT BRIEUC

    Monsieur le Procureur,

        Je me permets par le présent courrier, de renouveler ma demande du rapport d'autopsie de
Monsieur Jacques THERIN, né le 27/10/1960 et retrouvé décédé le 28/06/1989.

        En effet, mes trois précédentes demandes (3 septembre, auprès du TGI de Guingamp, 18 septembre
et 12 octobre auprès de vos services) sont revenues laconiquement négatives.

        Je peux concevoir que vous ne possédiez pas les documents demandés, mais dans ce cas je vous
demande de m'informer auprès de quelle structure il faut que j'effectue cette demande.

        En effet, cette autopsie a bien eu lieu puisque c'était à ma demande, et ce rapport figure bien
quelque part.

        Aussi, je vous serais reconnaissant de m'informer de la procédure à suivre pour obtenir ce rapport,
qui, je le rappelle, m'est indispensable à titre de publication scientifique.

    Avec mes remerciements,

                            Docteur Pierre PHILIPPE

2009 年 7 月 28 日發生馬匹突然死亡事件後，急診部醫師皮耶・菲利普在 2009~2010 年間寄出的信件。
信中要求得知 1989 年賈克・戴漢死亡後的解剖結果。相關單位一直沒有回覆這些信件。

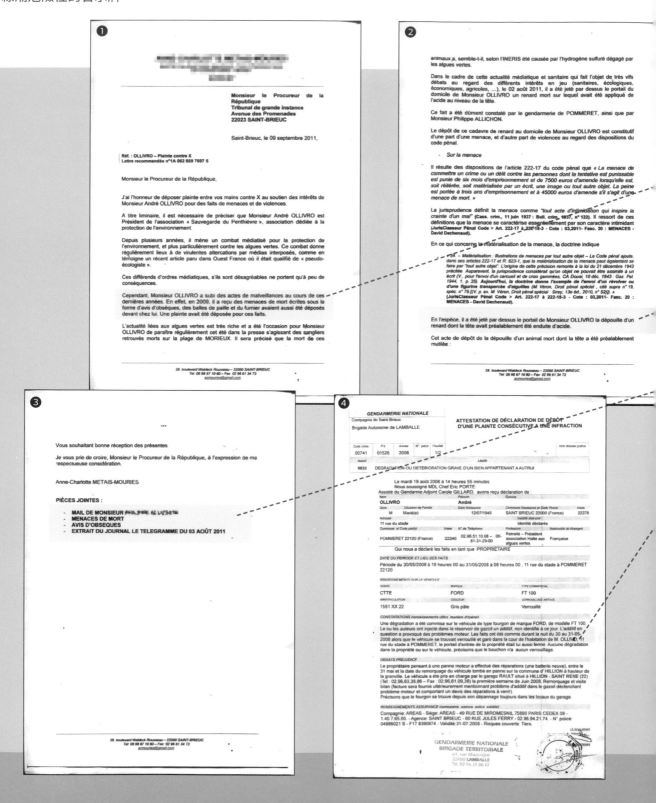

❶～❸為 2008 年安德烈・歐立佛的車子遭人破壞故障之後的報案記錄。❹則為 2011 年安德烈・歐立佛家花園的牆上被人放置一隻頭部浸過酸性液體的狐狸屍體之後的報案記錄。雖然報了案，但警方毫無後續行動。

2011

肉品業遊說團體和布列塔尼區議會的社會黨籍議長尚－伊夫．勒德理翁對法國自然環境協會（FNE）的海報宣傳活動提出告訴，此次宣傳直指集約式農業爲布列塔尼綠潮的原因。

36 隻野豬被發現死在伊利永鎮的桂松河出海口。

全聯會在莫里厄海灘上舉辦了一場足球賽，以展現環境安全無虞。

環保人士被指爲農民自殺的始作俑者。

然而，歐立佛先生在過去幾年間遭遇多次惡意行爲。事實上，在 2009 年，他曾收到一些訃聞，亦即書面死亡威脅，好幾大綑稻草與大堆肥料亦曾被放置於他家門口。他已針對這些行爲報案。

在這種情形下，一具狐狸屍體被扔在歐立佛先生家的門牆上方，狐狸的頭部被事先塗上酸性物質。

附件：
XXX 先生的信件
－死亡威脅
－訃聞
－ 2011 年 8 月 3 日《電訊報》報導節錄

一名或多名行爲人在柴油箱中注入某種添加物，性質目前尚未確定。該添加物造成引擎故障。上述行爲發生於 2008 年 5 月 30 日至 31 日間的夜間，當時車輛已上鎖並停放於歐立佛先生住家的庭院。

圖左：2009 年，幾個草垛堵住了安德烈．歐立佛家的大門。
圖右：2012 年，一些激動的全聯會會員在安德烈．歐立佛擁有的房舍前示威抗議。

supérieures amène le laboratoire de développement et d'analyse des côtes d'Armor (LDA 22) à conclure sur une mort par étouffement.

Le 24 juillet, huit nouveaux cadavres de sangliers sont signalés sur les berges de la rivière « Le Gouessant ». Sept d'entre eux sont amenés au LDA 22, parmi lesquels six autopsies ont pu être pratiquées.

Le 26 Juillet, dix huit cadavres de sangliers sont découverts sur le même site que précédemment, seize d'entre eux ont été acheminés au LDA 22. Cinq dépouilles de sangliers sont découverts échoués sur le même site le 27 juillet puis deux autres le 28 Juillet, et un dernier le 29 juillet.

Au total, ce sont donc trente six sangliers qui ont été retrouvés morts dans l'estuaire du Gouessant.

Par ailleurs, un blaireau mort y a été découvert le 01 août ainsi que trois ragondins, un le 31 juillet, puis deux autres le 02 août. L'un des deux ragondins retrouvé le 02 aout était à l'agonie et a été achevé.

La Figure 1 indique la localisation des lieux où des cadavres de sangliers ont été retrouvés.

Figure 1 : Localisation des lieux où des cadavres de sangliers ont été retrouvés (carte établie à partir de données fournies par l'ONCFS)

Les 36 sangliers morts proviennent tous de la même harde, il ne resterait aujourd'hui de ce groupe qu'une laie et quatre ou cinq marcassins. Le sanglier (*Sus scrofa*) est un animal omnivore très proche du porc, il se nourrit d'une grande variété de végétaux (racines, glands, etc.), et d'animaux morts ou vivants (vers,

- DRC-11-109441-09134B -

6. CONCLUSION

Dans le but d'établir les causes de mortalité de sangliers, ragondins et blaireau dans l'estuaire du Gouessant, trois hypothèses ont été envisagées, exposition à des substances toxiques ou à de l'H_2S.

Il existe peu d'arguments en faveur de l'empoisonnement par des substances de type pesticide. En effet, si les symptômes observés sont cohérents avec ceux dus à ce type de substances, aucune analyse de toxique ne corrobore cette hypothèse. A noter néanmoins que la liste des substances recherchées, bien que robuste, ne saurait être exhaustive.

L'hypothèse de l'empoisonnement lié à une exposition à des toxines produites par des cyanobactéries ne peut être écartée à ce stade. En effet, des espèces produisant des toxines induisant le même type de symptômes que ceux relevés ont été observées, les toxines en question (anatoxines) n'ayant en revanche pas été retrouvées dans les échantillons analysés.

Enfin, les niveaux de concentration en H_2S dans les différents milieux de la baie, les niveaux de concentration mesurés dans les poumons ou le sang des animaux morts et les symptômes observés concourent à retenir l'hypothèse d'une intoxication par l'H_2S comme hautement probable.

Par ailleurs, la décision de fermer la plage de Morieux n'est pas de nature à réduire le risque pour la faune sauvage.

Il est important de rappeler de plus que l'hydrogène sulfuré atteint l'appareil olfactif des animaux à des concentrations n'entraînant pas la mort des individus. Il faut alors souligner l'importance pour les animaux sauvages du sens de l'odorat pour la recherche de nourriture, la recherche de partenaire sexuel et la détection du danger. Les données de la littérature semblent indiquer par ailleurs que la présence de H_2S dans l'air ambiant s'accompagne d'un appauvrissement de la biodiversité provoqué par le phénomène d'évitement de la faune.

Au vu de ces dernières observations, il semble important d'un point de vue environnemental de ne pas négliger l'aspect chronique des expositions à l'hydrogène sulfuré et maintenir l'effort pour réduire la formation des algues vertes.

- DRC-11-109441-09134B -

最後，綜合海灣不同地點的硫化氫濃度、死亡動物肺部或血液中測得之濃度以及觀察到的症狀，可認定硫化氫中毒之假設具有高度可能性。
然而，關閉莫里厄海灘之決定本質上無法降低野生獸類受害之風險。

法國國家工業環境及風險研究院（INERIS）的報告，2011 年 8 月 29 日，名稱：《解釋 2011 年 7 月至 8 月於莫里厄海灣桂松河出海口發現的動物死亡事件成因》
法國國家工業環境及風險研究院的任務是協助預防經濟活動對環境及人身、財產之健康與安全帶來風險。
這份報告的第 7 頁有一張地圖，註明野豬屍體的分布位置。

桂松河出海口歷次發現動物屍體簡表（2011 年 7 月 7 日至 8 月 1 日）

		官方資料	註解
7 月 7 日（四）	2 頭小野豬死亡，發現於莫里厄鎮聖莫理思海灘	省分析實驗室（LDA 22）進行解剖的結果顯示上呼吸道有泥沙。 LDA 22 最後認定死因是吸入泥沙導致窒息。	並未針對 H_2S 中毒之假設進行調查，雖然事發環境是覆滿海藻的淤泥地，此項假設顯然成立。 沒有關於肺部組織狀態（水腫？）的資訊 未檢查血液及肺部組織中是否有 H_2S
7 月 24 日（日）	8 具新的野豬屍體（3 頭成豬與 5 頭小野豬），位於桂松河出海口之河灘（屬於莫里厄鎮及伊利永鎮）	7 具被送往 LDA 22，其中 6 具可進行有意義的解剖。 6 個樣本中有 5 個驗出 H_2S 陽性，其中 3 個濃度非常高。 其他毒物檢驗結果皆為陰性。	解剖報告未公開 H_2S 及其他可能致死的毒物的檢查似乎是以這些動物身上採集的一些樣本作為檢體。
7 月 26 日（二）	在同一地點發現 18 具新的屍體	解剖由普魯法哈岡的省分析實驗室進行。 解剖結果顯示肺部組織受損（16 隻動物中有 16 隻出現充血，且有十分明顯的肺水腫）其他器官無明顯損傷。	解剖結果：H_2S 中毒的診斷具有高度可能性，雖然仍可考慮其他原因。 肺部組織的 H_2S 檢查結果顯示：H_2S 為野豬死亡原因。
7 月 27 日（三）	5 具屍體擱淺在同一地點		
7 月 28 日（四）	2 具小野豬屍體		
7 月 29 日（五）	1 具小野豬屍體		
7 月 31 日（日）	桂松河口發現 1 具海狸鼠屍體	屍體被運送至省分析實驗室進行解剖與分析。依據省政府資料，「有嚴重肺水腫」。 肺部組織中發現 H_2S，濃度非常高（2.45 毫克／公斤）。	解剖報告未公開 肺部組織中發現 H_2S，證明對動物之死亡有影響。

© 守護特黑戈爾協會（Sauvegarde du Trégor）

在結論中，這份報告認為在三條線索之間，「硫化氫中毒之假設具高度可能性」而「關閉莫里厄海灘之決定本質上無法降低野生獸類受害之風險」。

桂松河出海口的野豬屍體。

一份部會報告譴責農產食品加工產業採用「不確定策略」以延宕其環保作爲。

2014
法國再度遭法院認定未履行 1991 年指令要求之義務，該指令係針對農業製造之硝酸鹽汙染。依據這項指令，整個布列塔尼被列爲環境脆弱區域。南特行政上訴法院（CAA）依據歐盟法院之相關判決，確認法國政府負有責任。

法官認爲法國政府違法失職，必須提供解決綠藻問題之經費的阿摩爾濱海省因此有權要求損害賠償。法院判處法國政府支付該省 7,046,517.12 歐元。

該法庭推翻了 2012 年雷恩行政法院的判決，而該判決駁回死亡馬匹的主人 2009 年時請求的賠償。
行政上訴法院再次承認國家有所失職。雖然上訴法院指出騎士行爲相當輕率，仍判處法國政府向騎士支付 2,200 歐元。

2017

一名慢跑者於 2016 年 9 月 8 日死於桂松河出海口一處泥灘地

我非常重視您的建議。然而，我們必須先將處理準則送交專家鑑定，以瞭解就醫療技術層面及法律層面而言，這份處理準則是否可以實行。

針對您的請求，如有任何後續消息，我會隨時通知您。

大區衛生處給守護特黑戈爾協會會長伊夫－瑪利‧勒雷的回覆，日期爲 2017 年 10 月 31 日。他要求爲發生在泥灘地的意外事故制定特殊處理準則。直到現在，伊夫－瑪利‧勒雷的提案依舊沒有下文。

2016

第二期綠藻計畫公布，將於 2017 年生效。

一名慢跑者死於伊利永鎮的桂松河出海口（聖布里厄海灣）。這個案件被列爲不起訴。

2017

肥料的銷售量持續提升。

2018

聖布里厄社會安全法庭認定，2009 年載運綠藻之卡車司機提耶西·莫爾法斯的死亡屬於職業災害。

雷恩行政法院判決法國政府應支付聖布里厄鎮一筆費用，金額等同於 2014 至 2016 年間該鎮爲清除綠藻支出的費用。

2019

1997 年以來，布列塔尼沿岸有 137 處至少被綠潮侵襲過一次，其中 61 處反覆發生。

綠潮亦擴及諾瓦木提耶島（Noirmoutier）、厄列宏島（île d'Oléron）、雷島（île de Ré）與諾曼第。

以下爲伊利永鎮鎮長米迦勒·寇松的譬謠內容。我們在 2019 年 3 月 5 日以電話訪問他，想重建慢跑者遺體發現時的現場狀況（見第 117 頁）。有數位證人告訴我們，寇松當時的確曾經勸說家屬不要進行解剖。

「身爲伊利永鎮鎮長，我沒有對後續採取的仟何作爲做出決策。我只是盡量傾聽在場的意見。而且我對家屬應該可以說相當親切。就這樣。如果有人跟你們說是鎮長要求不要做解剖的，那不是眞的。他們是問家屬想做解剖還是不要。醫師是建議家屬做解剖，不是建議伊利永的鎮長要做。事情經過是這樣的：我接到電話，我去到現場，當事人確認死亡，當天沒有做解剖，兩週後做瞭解剖，可惜一無所獲。可是老實講，你們到底想怎麼樣？一個家庭失去父親已經非常痛苦，還要反覆提起過去的事？請你們設身處地想一想。這家人已經當場決定不要解剖了，就這樣。總之，你們做的事讓我感到噁心。」

© 拯救福埃農地區協會（Association pour la souvegarde du pays fouesnantais）

福埃農，科斯角海灘，2018 年 11 月 13 日。

硝酸鹽、綠潮、新的危險，目前的狀況如何？

硝酸鹽減量了……？

根據法國海洋開發研究院科學家的說法，1960 年代以前，法國河川中的硝酸鹽濃度低於 5 毫克／公升。

到了 1990 年代中期，有些地下水層的濃度高達 100 毫克／公升。

現在，多虧人們為了改善水質所採取的各種行動，硝酸鹽的濃度降低了。在行政機關有追蹤的各流域中，平均濃度為 20 至 30 毫克／公升。

不過新的問題又冒出頭來。有些不屬於綠藻計畫監測區的河川水道受到硝酸鹽的嚴重汙染，其來源主要為溫室番茄栽培，新的綠潮因此產生。

綠潮比較少見了，但依然存在……

以量而言，綠藻減少得不多。海洋開發研究院的科學家表示，要讓綠藻的量減少一半，必須讓汙染最嚴重的海灣的沿岸河川中的硝酸鹽濃度降到 10 毫克／公升以下。因此布列塔尼依然有綠潮存在。

綠潮繼續堆積在不易到達的區域與泥灘地。有鑑於此，省政府在 2011 年製作了一份清單，列出阿摩爾濱海省 73 處泥灘地與危險地帶。這份清單公布了……在 2016 年，發生慢跑者死亡事件之後。

儘管如此，靠著每年 4 月到 11 月固定在沙灘上進行清掃工作，綠藻幾乎不再製造任何危害。此外，由於乾旱導致河川夏季水位下降，使流入海洋中的硝酸鹽減少，從表面上看來，綠潮正在漸漸消退。

延伸閱讀
Bibliographie indicative

綠藻

專書

Pollutions diffuses : du bassin versant au littoral, Michel Merceron, Ifremer édition, 1999
Les Marées vertes tuent aussi !, André Ollivro, Yves-Marie Lelay, Le temps éditeur, 2011
Les Marées vertes, 40 clefs pour comprendre, Alain Ménesguen, Editions Quae, 2018

出版品

Bilan des connaissances scientifiques sur les causes de prolifération de macroalgues vertes –Application à la situation de la Bretagne et propositions，部會報告，2012年。可於線上閱讀：https://agriculture.gouv.fr/ministere/bilan-des-connaissances-scientifiques-sur-lescauses-de-proliferation-de-macroalgues

Vivre avec l'algue verte : médiations, épreuves et signes，Alix Levain，2014年。社會人類學博士論文。國立自然歷史博物館（Muséum National d'Histoire Naturelle）。可於線上閱讀：https://halshs.archives-ouvertes.fr/tel-01098682/document

紀錄片

L'enfer vert des bretons, Mathurin Peschet, Mille et une films, 2012
La marée était en vert, Sylvain Bouttet, Aligal Production, 2012
« Journal breton, saison 1 », épisodes 7 et 8, France Culture, 2016
« Algues vertes, le grand déni », France Inter, 2016

農產食品加工業

專書

Le Lobby breton, Clarisse Lucas, Nouveau monde éditions, 2011

農業

專書

Les Paysans dans la lutte des classes, Bernard Lambert, Le Seuil, 1970
La Bête sauvage, Michel Clouscard, Éditions sociales, 1983
La Fin des paysans, (1967), Henri Mendras, Babel Actes sud, 1992
Les Saigneurs de la terre, Camille Guillou, Albin Michel, 1997
S-eau-S, l'eau en danger, Gérard Borvon, Éditions Golias, 2000
Déclarations sur l'agriculture transgénique et ceux qui prétendent s'opposer, René Riesel, Encyclopédie des Nuisances, 2001
Le Jardin de Babylone, (1969), Bernard Charbonneau, l'Encyclopédie des nuisances, 2002
Destinée paysanne dans une République de passe-droits, Armand Legallais, auto-édition, 2007.03
Le Ménage des champs, Xavier Noulhianne, Les Éditions du bout de la ville, 2016
On achève bien les éleveurs, Aude Vidal, Guillaume Trouillard, L'échappée, 2017
Le paysan impossible, Yannick Ogor, Les Éditions du bout de la ville, 2017

紀錄片

« Remembrement »（幻燈片）Nicole et Félix le Garrec, 1972
Les paysans de Citroën, Hubert Budor, Mille et une films, 2001
Les paysans, 60 ans de révolution, Karine Bonjour, Gilles Pérez, Treize au sud, 2009
« Journal breton, saisons 1 et 2 », France Culture, 2016-2018

中法名詞對照表

GES －環境研究室 GES-bureau d'études en
environnement, GES

人道報 Humanité

于倍・布鐸 Hubert Budor

大區環保處 DIREN

小歇美食 La Pause gourmande

文生・佩堤 Vincent Petit

比尼克鎮 Binic

尼可拉・沙克吉 Nicolas Sarkozy

尼寇環保 Nicol Environnement, SNE

市鎮祕書長 directeur/trice générale des services

布列茲空氣協會 Air Breizh

布列塔尼水資源科學鑑定與資源中心
CRESEB

布列塔尼水資源與河川協會 Eau et rivières de
Bretagne

布列塔尼肉品製造商聯盟 UGPVB

布列塔尼環境科學顧問小組 CSEB

布依橋 Pont-de-Buis

布勒斯特港 Port de Brest

布魯諾・勒梅 Bruno Le Maire

皮耶・哈努 Pierre Rannou

皮耶・菲利普 Pierre Philippe

皮耶・歐胡索 Pierre Aurousseau

伊夫－瑪利・勒雷 Yves-Marie Le Lay

伊利永 Hillion

伊逢・波諾 Yvon Bonnot

伊薇特・朵黑 Yvette Doré

守護特黑戈爾協會 Sauvegarde du Trégor

安德烈・皮可 André Picot

安德烈・歐立佛 André Ollivro

安德烈谷 Val-André

米迦勒・寇松 Mickaël Cosson

米歐爾・多爾拿諾 Michel d'Ornano

米歐爾・梅瑟宏 Michel Merceron

艾加・皮沙尼 Edgar Pisani

西法蘭西報 Ouest France

克里斯提昂・布松 Christian Buson

克莉絲黛兒・瑪利 Christelle Marie

克勞德・雷斯奈 Claude Lesné

亞尼克・厄默希 Yannick Hemeury

亞蘭・梅涅茲爾 Alain Ménesguen

佩侯－吉雷克 Perroc-Guirec

佩德涅 Pédernec

尚・蒙內 Jean Monnet

尚－皮耶・布理安 Jean-Pierre Briens

尚－伊夫・勒德理翁 Jean-Yves Le Drian

尚－伊夫・畢希吾 Jean-Yves Piriou

尚－荷內・奧佛黑 Jean-René Auffray

尚－路易・法傑亞斯 Jean-Louis Fargeas

拉尼翁市 Lannion

法國自然環境協會 France Nature
Environnement, FNE

法國海洋開發研究院 IFREMER

法國國家科學研究院 CNRS

法國國家勞動安全及研究中心 Institut national
de recherche et de sécurité, INRS

法國電視 3 France 3

法蘭索瓦・布里歐 François Bouriot

法蘭索瓦・拉佛格 François Lafforgue

法蘭索瓦・莫爾凡 François Morvan

法蘭索瓦・費雍 François Fillon

法蘭索瓦絲・希吾 Françoise Riou

阿涅絲・提波－勒居佛 Agnès Thibault-
Lecuivre

阿摩爾濱海省 Côtes-d'Armor

南特 Nantes

南菲尼斯泰爾 Sud-Finistère

威立雅公司 Veolia

急毒性 toxicité aiguë

柯亞－馬埃爾 Coat-Maël

派翠克・杜宏 Patrick Durand

省衛生與社會事務管理處，省衛生處
Direction départementale des affaires
sanitaires et sociales, DDASS

科斯角海灘 Plage du Cap Coz

香塔・朱安諾 Chantal Jouanno

恕限值 Valeur limite d'Exposition

朗沃隆鎮 Lanvollon

朗堤克鎮 Lantic

桂松河 Gouessant

海洋漁撈科學與技術研究院 ISTPM

特黑布理凡鎮 Trébrivan

特黑雷凡恩 Trélévern

班波爾 Paimpol

馬克・勒富爾 Marc Le Fur

動物管理處 Direction des services vétérinaire

國家工業環境與風險研究所 Institut national
de l'environnement industriel et des risques,
INERIS

國家食品、環境及勞動衛生署 ANSES

理查・費宏 Richard Ferrand

硫化氫 hydrogensulfide, H_2S

莫里厄 Morieux

莫理斯・布利佛 Maurice Briffaut

莫理斯・布利佛 Maurice Briffaut

傑哈・佐格 Gérard Zaug

傑哈・傑古 Gérard Jégou

喬艾爾・寇普 Joël Kopp

喬治・佩努 Georges Pernoud

喬瑟夫・卡巴雷 Joseph Cabaret

彭摩希－裴地 Pommerit-Jaudy

提耶西・布爾洛 Thierry Burlot

提耶西・莫爾法斯 Thierry Morfoisse

斐德列克・梅儂 Frédéric Maignan

斯克列格－寇拉斯 Screg-Colas

斯佩澤鎮 Spézet

普隆涅維杜夫 Plonévez-du-Faou

普雷漢鎮 Plérin

菲利普・德・卡龍 Philippe de Calan

菲利普・德・傑斯塔・德・雷佩湖 Philippe
de Gestas de Lespéroux

視覺時評 La Revue Dessinée

黑米・居歐 Rémi Thuau

黑狗路 rue du Chien-Noir

塔拉薩 Thalassa

奧佛黑 Auffray

瑟西爾・侯貝 Cécile Robert

聖布里厄 Saint-Brieuc

聖米歇爾恩格列夫 Saint-Michel-en-Grève

聖波德雷昂 Saint-Pol-de-Léon

賈克・胡夫 Jacques Rueff

賈克・戴漢 Jacques Thérin

農產業者公會大區聯合會 FRSEA

農產業者公會全國聯合會，全聯會 FNSEA

農產業者公會省級聯合會，省聯會 FDSEA

農業機械與農村水利林業工程研究中心
CEMAGREF

雷恩 Rennes

雷恩大學醫學中心 CHU de Rennes

電訊報 Le Télégramme

嘉黑 Carhaix

瑪麗－凱瑟琳・克爾奈 Marie-Catherine
Kerneis

瑪麗安 Marianne

綠潮止步協會 Halte aux Marées Vertes

蓋爾東東 Guerlédan

歐立維耶・亞瀾 Olivier Allain

歐立維耶・布關 Olivier Buquen

歐若荷・布萊弘 Aurore Blairon

環境科學與科技研究所 ISTE

環境與健康技術與科學研究所 ISTES

羅伊格・雪奈－傑哈 Loïg Chesnais-Girard

羅倫絲・佛坦 Laurence Fortin

蘿絲琳・巴舍樓 Roselyne Bachelot

誌謝

沒有這些人，這份調查不會誕生。

所以我要謝謝……

Alice，謝謝妳存在。Solonge 和 André 讓我們在他們柯亞－馬埃爾的房子住了三年。Sonia 撥出時間讓我的布列塔尼調查可以在法廣文化台的《土地行腳》播出。我的父母把他們那台小車借給我，並總是支持我。布列塔尼的記者摩根‧拉爾居、Manon Le Charpentier、Muriel Le Movan、Pierre-Henri Allain、Raphaël Baldos 及朱利安‧維庸，他們紮實的工作成為我可靠的基礎，也感謝他們的義氣相挺。

謝謝證人們的大力支持，尤其安德烈‧歐立佛，他就像無所不知的人體資料庫一樣，允許我們無數次的查考，還有皮耶‧菲利普、伊夫－瑪利‧勒雷、派翠克‧杜宏、皮耶‧歐胡索、米歇爾‧梅瑟宏、亞蘭‧梅涅茲關、克勞德‧雷斯奈，當然還有伊薇特‧朵黑。

以下感謝對象未現身於本書，但其分析與提供之檔案至關重要：Gilles Willems、René Louail、Jacques Mangold、Thierry Thomas、尚－伊夫‧畢希吾、Vincent Esnault、Francois Lafforgue、Alix Levain、納塔莉‧艾維－富納侯、Philippe Le Goffe、Sylvie 和 Erwan Chotard、Jean-Claude Lamandé、Jean Le Floc'h、Anton Pinschof、Jean Kergrist、Jean-Paul Guyomarc'h、基‧阿斯桂特、Thierry Machard、喬治‧佩努、Serge Le Quéau 以及 Triskalia 企業的受害者。以及所有保持匿名的協助者，尤其農民們。

感謝不可多得的校對者：

最後，謝謝 Vanessa Brochen、Leslie Perreaut，也謝謝 Amélie Mougey，我們的五星級編輯，她和我們一樣熟悉這份調查，因為她以高標準和鉅細靡遺的態度對這份作品進行閱讀、查核與討論，而這一點從 2017 年我們為《視覺時評》撰寫〈踏上毒沙灘〉（Sur la plage empoisonnée）一文以來從未改變。

一份歷時三年的調查當然需要許多人的支持。我花了好幾天時間試圖把最重要的感謝對象列齊，但我相信一定有遺漏的……感謝每一位妳和你。

伊涅絲‧雷侯

最深的感謝，給 Alessandro（永遠）、Gaëlle 和 Mathilde，為你們的支持與犀利的建議；謝謝 Joël、Anne、Tam、Vito 和 Vincent、Justine 和幾朵花，為你們總是如此親切。

皮耶‧范賀夫

綠藻噩夢

布列塔尼半島毒藻事件，引爆一連串人類與環境互動的惡劣真相，
揭開法國政治、司法與商業農工間不可言說的黑暗歷史

原 著 書 名 / Algues vertes, l'histoire interdite

作　　　者 / 伊涅絲‧雷侯（Inès Léraud）
繪　　　者 / 皮耶‧范賀夫（Pierre Van Hove）
上　　　色 / 瑪蒂達（Mathilda）
譯　　　者 / 陳郁雯

總　編　輯 / 王秀婷
責 任 編 輯 / 郭羽漫
版　　　權 / 徐昉驊
行 銷 業 務 / 黃明雪

發　行　人 / 涂玉雲
出　　　版 / 積木文化
　　　　　　104 台北市民生東路二段 141 號 5 樓
　　　　　　官方部落格：http://cubepress.com.tw/
　　　　　　電話：(02) 2500-7696　　傳真：(02) 2500-1953
　　　　　　讀者服務信箱：service_cube@hmg.com.tw
發　　　行 / 英屬蓋曼群島商家庭傳媒股份有限公司城邦分公司
　　　　　　台北市民生東路二段 141 號 11 樓
　　　　　　讀者服務專線：(02)25007718-9　24 小時傳真專線：(02)25001990-1
　　　　　　服務時間：週一至週五上午 09:30-12:00、下午 13:30-17:00
　　　　　　郵撥：19863813　戶名：書虫股份有限公司
　　　　　　網站：城邦讀書花園‧網址：www.cite.com.tw
香港發行所 / 城邦（香港）出版集團有限公司
　　　　　　香港灣仔駱克道 193 號東超商業中心 1 樓
　　　　　　電話：852-25086231　　傳真：852-25789337
　　　　　　電子信箱：hkcite@biznetvigator.com
馬新發行所 / 城邦（馬新）出版集團
　　　　　　Cite (M) Sdn Bhd
　　　　　　41, Jalan Radin Anum, Bandar Baru Sri Petaling,
　　　　　　57000 Kuala Lumpur, Malaysia.
　　　　　　電話：603-90578822　　傳真：603-90576622
　　　　　　email: cite@cite.com.my

封 面 完 稿 / PURE
內 頁 排 版 / PURE
製 版 印 刷 / 上晴彩色印刷製版有限公司

【印刷版】
2023 年 4 月 25 日 初版一刷
售價 / 480 元
ISBN / 978-986-459-496-2

【電子版】
2023 年 5 月
ISBN / 978-986-459-495-5（EPUB）

版權所有‧翻印必究
Printed in Taiwan.

綠藻噩夢：布列塔尼半島毒藻事件，引爆一連串人類與環境互動的惡劣真相，揭開法國政治、司法與商業農工間不可言說的黑暗歷史 / 伊涅絲 . 雷侯 (Inès Léraud) 作；皮耶 . 范賀夫 (Pierre Van Hove) 繪；瑪蒂達 (Mathilda) 上色；陳郁雯譯 . -- 初版 . -- 臺北市：積木文化出版：英屬蓋曼群島商家庭傳媒股份有限公司城邦分公司發行, 2023.04
　面；　公分
譯自：Algues vertes, l'histoire interdite
ISBN 978-986-459-496-2(平裝)

1.CST: 環境汙染 2.CST: 綠藻植物 3.CST: 漫畫 4.CST: 法國

367.47　　　　　　　　　　　　　　　112005163